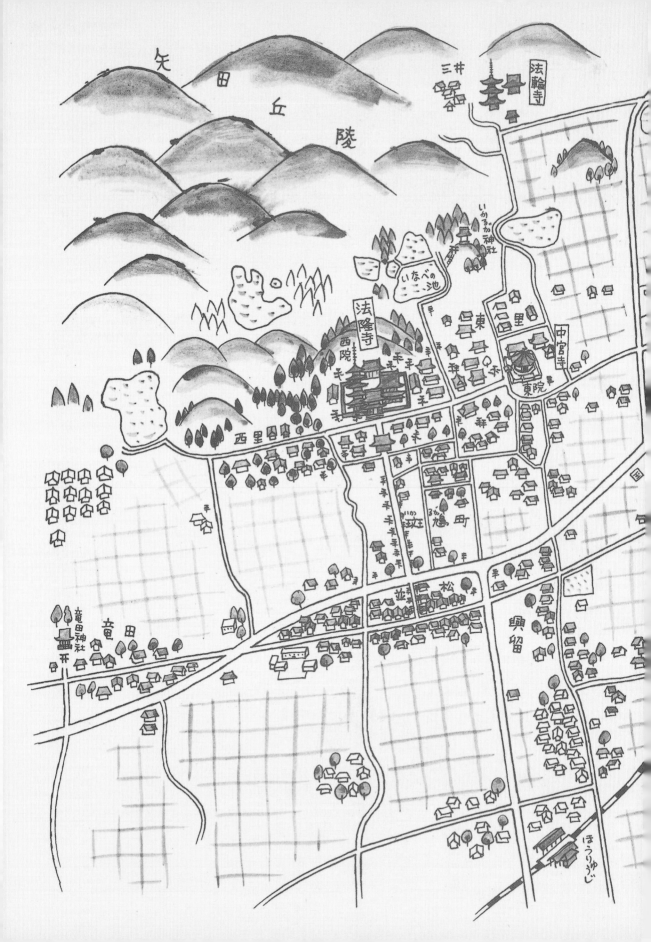

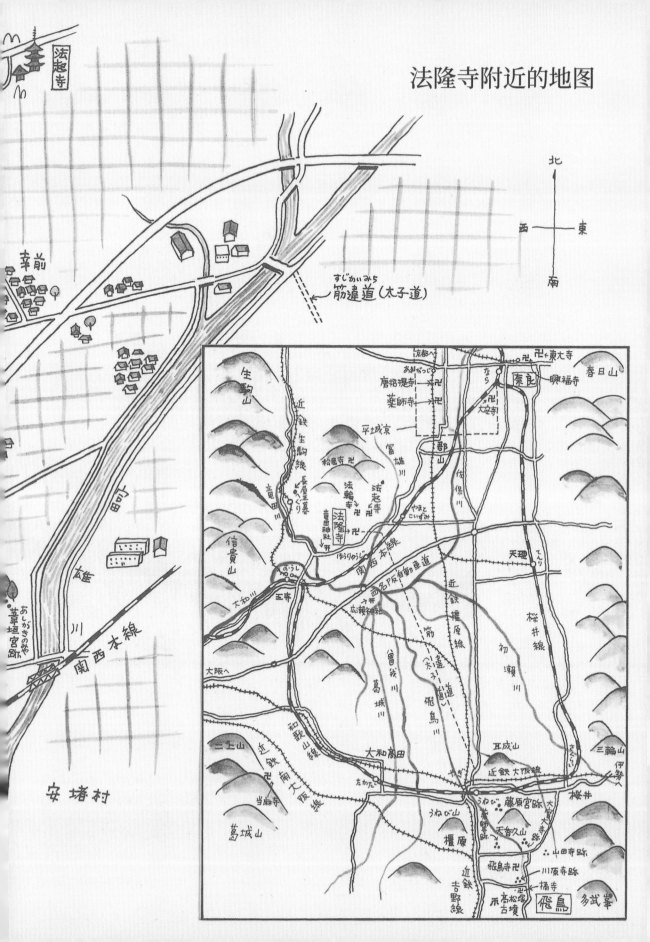

法隆寺附近的地图

文景
———
Horizon

法隆寺

日本国宝级
木造建筑

［日］西冈常一　宫上茂隆　著
［日］穗积和夫　绘
张秋明　译

上海人民出版社

F.Hozumi /'80

目　录

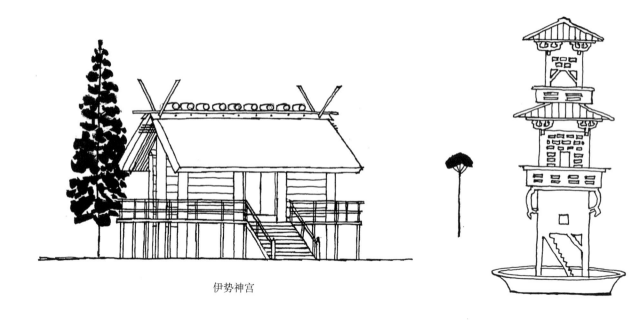

伊势神宫

法隆寺

远古时代的人类用木头和泥土盖房子，因为这些材料随手可得，也容易加工。在树木稀少的两河流域，人们用晒干的泥砖（压填泥土、曝日晒干而成）堆砌神殿；在中国北方则是使用木头和砖块（压填泥土、烈火烤干而成）盖房子。

石头建筑远比砖头或木造建筑持久，但因为石头的加工与堆码较困难，长期以来仅用于建造神殿、宫殿等特殊建筑。建造埃及金字塔旁的神殿及希腊神殿（原为木造，之后才改为石造）等皆是如此。在欧洲地区到了中世纪以后石头才被用来建造基督教教堂，而后逐渐用于其他建筑物。

日本自古以来就很固执地坚守着木造建筑，因为统治阶层的财力有限，同时也缺少适合盖房子的石材。更重要的是日本拥有丰富的优质木材——桧木。

桧木是日本特产的常绿针叶树，生长于福岛县以南的山地。类似的树种在中国台湾地区和美国也有，但质量不及日本所产的桧木。桧木材质细密、硬度适中，容易加工；盖成建筑物后也不易变形，十分耐用。木头表面散发着香气和淡粉红色的光泽，经年累月后更增色泽，是十分优质的木材。这些优点早在古坟时代[1]便为人所知，所以规定建造神社和宫殿只能使用桧木。不过，就当时屋顶部分采用稻草或木板而将柱子埋进土里的构造来说，即便使用了桧木也无法持久。于是对于必须流传久远的神社建筑，日本人采用了重现原来形式的方法；但也因为原来的建筑构造简单才能做到。例如祭祀天皇祖先神明的伊势神宫，每隔二十年重建一次，直到今天。由于崭新的桧木神殿始终闪烁着神圣的光彩，改建神殿就是对神明的祭祀，因此日本人从没想过要将木造改为石造！

这种建筑物越新越有价值的看法，借由重建让建筑物外观永远留存的方法，以及简单的建筑结构，因为佛教的流传和中国式寺院建筑的引

1　约为公元 4 世纪到 7 世纪，该时代的最大特征为建造前方后圆的坟墓。——译注（下文若无标注，则均为译注）

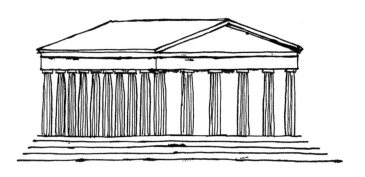

汉代的楼阁
（坟墓内的陪葬土器）

希腊神庙

入，到 6 世纪发生了转变。

佛教乃公元前 5 世纪初，由印度的释迦牟尼所倡导的宗教，劝导人们诸恶莫作，行善清心，才能悟道成为佛陀。为了让那些推广教义、努力修行的僧侣在雨季能有去处，才出现了僧院、学院等建筑。释迦牟尼涅槃后，安置其遗骨（舍利）的浮屠（卒塔婆→塔婆→塔），变成并非僧侣独用，而是供一般信徒礼佛的寺庙。到了公元 100 年左右，寺庙开始建立安置佛像的礼拜堂。

佛教传入中国是在公元 1 世纪左右的东汉。当时中国的木造建筑已十分发达，人们懂得如何兴建楼阁（两层楼以上的建筑）。在高楼的屋顶加上浮屠的造型，就成了佛教寺院的塔。寺庙主体用来安置佛像（主佛）的金堂（正殿），盖得跟宫殿、官舍一样豪华。寺庙的僧院结构和今天的大学一样。僧院的讲堂是为了讲经聚会之用，附近还配置了钟楼和经藏（藏经阁）。周遭还有僧侣居住的禅房和食堂，以及寺庙的办公处、厨房、仓库等建筑，外面再围上外墙和大门等。

佛教经由朝鲜半岛的高句丽、百济、新罗，于 6 世纪传到日本。中国式的寺庙建筑也跟着传进了日本，而且是由来自中国的工匠建造寺庙。这些建筑比起过去日本的建筑（其实也受到中国的影响）显得结构复杂、坚固耐久。

到了 7 世纪中期的飞鸟时代和 8 世纪末期的奈良时代，日本兴建了许多这种形式的寺庙。由于都是木造建筑，尽管盖得很坚固，往往也因风灾、地震、闪电等天灾或是战争、火灾等人祸而几乎全部被毁坏。幸好在经过一千二三百年的今天，光是奈良时代的建筑就有 20 多所堂塔被保存下来。真可说是奇迹！中国在同一时期的木造建筑则是无一幸存，朝鲜半岛亦然。由此可见留存在日本的这些建筑有多么珍贵！说是世界遗产也不足为奇。其中最古老的法隆寺金堂和五重塔，算是世界现存最古老的木造建筑。

这样的法隆寺是由什么样的人所建造的？其建造目的为何？本书试图找到这些答案。

推古天皇十三年（605），厩户皇子（圣德太子）将宫殿由宫廷所在的飞鸟迁移至斑鸠之地。太子之所以喜欢斑鸠之地，大概是因为那是他的宠妃膳菩岐岐美郎女的娘家所在。

斑鸠之地背倚矢田丘陵的南端，东南方有富雄川流经，南方是奈良盆地诸河汇流成大和川的要害之地（适合御敌的天险），也是交通要塞。大和川穿过北为生驹、南是葛城的山脉向西流，深入大阪平原。此外，东西贯穿奈良盆地的道路也从斑鸠沿着大和川越过山岭通往大阪平原。由大阪经由濑户内海前往西方，海路更可远航至朝鲜与中国。

一心想建设文化国家，努力汲取海外先进文化的太子认为斑鸠之地最适合建都了。太子求教于高句丽、百济的僧侣，也派遣使节去晋见中国隋朝皇帝，并基于佛教和儒教制定十七条宪法，以端正从政贵族的态度。其中第二条为"笃敬三宝，三宝乃佛、法、僧是也"。

建设斑鸠宫之后，太子又在西侧建造佛寺，即斑鸠寺（中国式名称为法隆寺）。

早在五十年前，百济王即劝导日本天皇接受佛教信仰（钦明天皇十三年，552 年）。意欲接受的苏我氏和反对的物部氏之间起了激烈争执，最后发展成战争（用明天皇二年，587 年）。结果苏我氏获胜，也意味着佛教的胜利。苏我氏立刻雇用来自百济的建筑技师，以飞鸟都为中心建设飞鸟寺。这是日本第一座正式兴建的寺庙。此外，获得战争胜利的厩户皇子也在大阪建立四天王寺。

身为佛教信徒的推古天皇一即位，便将外甥厩户皇子立为皇太子，发布兴隆佛教的诏令（天皇要民众信奉佛教的命令）。在此背景下，为了报答天皇与祖先之恩，贵族竞相兴建寺庙。过去为崩殂的天皇、逝去的父母与祖先所盖的都是古坟，从此改为兴建寺庙。古坟时代由此结束，日本开启了佛教建筑的时代。

推古十五年（607），圣德太子将推古天皇奖励其讲述佛教经典所赐予的水田捐给斑鸠寺，并为逝去的父皇用明天皇铸造青铜药师如来像，成为斑鸠寺供奉的主佛。这是在日本铸造第一座飞鸟寺丈六铜佛（站姿为高一丈六尺，即约 4.8 米的佛像；一般佛像为坐姿，只有其一半高度）后的第二年。佛像安置在金堂的南侧，之后又盖了比飞鸟寺还高大的五重塔。

太子于推古三十年（622），以 49 岁之龄卒

圣德太子与两位王子

于斑鸠的苇垣宫。他执笔阐述《法华经》等经典应该是在斑鸠之地。太子辞世前后，其母后间人皇后和膳妃也相继过世。当时为了纪念太子，太子妃和诸位王子铸造了与太子等身的释迦佛像，膳氏将之安置于斑鸠寺正北方的法轮寺（今日则安置在法隆寺金堂的中央）。

另外还有间人皇后在斑鸠寺东方兴建了中宫寺（现已移至法隆寺隔壁）。于是乎，为用明天皇而建的斑鸠寺和为间人皇后而建的中宫寺相距不远，各自又被称为僧寺、尼寺。

在政界，皇族和氏族间仍因争夺政权而不断角力。太子崩殂后第二十一年，太子的长子山背大兄王遭遇了苏我氏出兵攻打斑鸠宫的政变。当时山背大兄王表示"朕不忍因为战争有太多人民牺牲"，乃率领王妃、太子们进入斑鸠寺的宝塔

自杀。为了和平舍身的山背大兄王，应该也是虔诚程度不输太子的佛教信徒。因此一政变，斑鸠宫被焚毁，太子一族也从历史舞台上消失了。

山背大兄王的母亲虽然不是膳妃，但他的妻子却是膳妃的长女，所以膳氏为山背大兄王一家人铸造佛像，安置在法轮寺。此外，位于法轮寺东方的法起寺，则被认为是兴建于山背大兄王之母苏我妃的宫殿遗迹之上。

两年后（645），长期坐拥权位的苏我氏被中大兄皇子（天智天皇）铲除，从此日本实施中国唐朝的律令政治，迎来新的时代（大化革新）。

然而斑鸠之地却又遭逢悲剧。天智天皇九年（670）四月三十日的黎明前，斑鸠寺失火，瞬间化为灰烬。事发时正是风雨交加、雷鸣不断的夜晚。

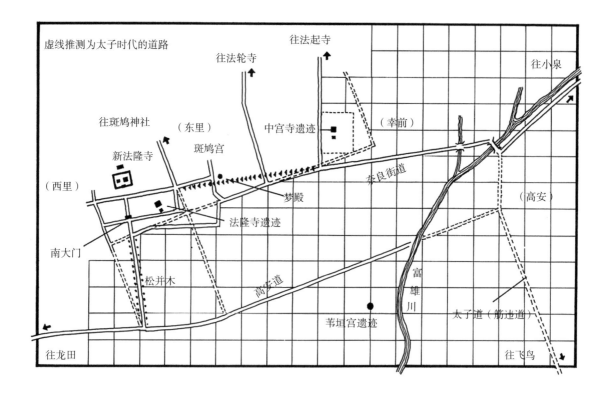

虚线推测为太子时代的道路

往法起寺

往法轮寺

往小泉

往斑鸠神社　（东里）

中宫寺遗迹　（幸前）

新法隆寺　斑鸠宫

奈良街道

（西里）

（高安）

梦殿

法隆寺遗迹

南大门

富雄川

松并木　高宫道

太子道（筋违道）

苇垣宫遗迹

往龙田

往飞鸟

　　法隆寺（斑鸠寺）的重建被立即纳入考虑，但不是在原来的地点。斑鸠之地在太子时代曾经进行了部分的土地规划，后来又按照东西、南北方位实施棋盘式的土地规划（条里制），中宫寺也是配合该规划而建的。因此偏离南北轴线二十几度的法隆寺自然不适合于原址重建。

　　法隆寺的相关人士只好借住在与太子关系友好的寺庙。前往法轮寺投靠的百济僧侣，铸造了一尊小型的药师佛以取代斑鸠寺被烧毁的本尊药师佛，暂置在法轮寺（如今则安置在法隆寺金堂）。

　　不久之后日本爆发了古代最大的内乱——壬申之乱[1]，获胜的天武天皇[2]即位后，调整日本的体制往统一国家的方向迈进。

　　法隆寺的重建就在这个时期。推动重建计划的是法隆寺僧侣以及和崩殂太子一族相关的膳氏等。造寺工（负责设计、监工的技师）应该是从百济或高句丽渡海而来的工匠后代，加上法隆寺的住持、懂得建筑的僧侣与膳氏一族，大家通力合作提出了基本计划。

　　他们决定将金堂和宝塔的建地设在已烧毁宝塔、金堂遗迹（现称为"若草伽蓝"）北方的山边。该寺庙东侧的土地仍维持原样，邻接着太子时代就有的古道。西侧的土地也依旧。只有建地南侧的宽广道路（现为中门前通往东大门的道路）是重新规划的结果。

　　在现在的地图上，由这条道路向东延伸，会和曾经盖有中宫寺的南侧道路重叠（奈良街道），

1　公元672年1月7日天智天皇逝世，皇弟大海人皇子与大友皇子互争皇位，史称"壬申之乱"。
2　即大海人皇子。

到达横跨富雄川的桥梁。从附近的高安村落到东南方，仍留有圣德太子从飞鸟都到斑鸠宫之间骑马往来时的痕迹——太子道（筋违道）。因此，中宫寺前的道路被认为是太子时代所建。该道路在中宫寺的西南角稍微向南转往西延伸，过去应该经过斑鸠宫、斑鸠寺南大门才对。新法隆寺南侧的道路，应是计划将中宫寺前的这条道路继续往西方延伸。

设在宽广道路北侧的新建地，只是一块狭窄的平地，北边紧邻着丘陵的斜坡。于是工人必须挖开丘陵坡地，将土石填埋于南侧的低地，开展整地的工程。

此外，已烧毁之法隆寺的宝塔、金堂南北走向的配置也不适用于新建地，因而重新规划将金堂设置在东边，西边则是宝塔。

伽蓝（以宝塔、金堂为主的寺庙建筑群）的重建，是从兴建金堂开始的。重建的金堂跟烧毁的金堂几乎一样大小。虽是双层建筑，但因为是作为佛堂使用，所以只用到第一层。另外还有两项基本设计。

其一是在内部墙壁描绘从唐朝传来的菩萨像。大概是因为殿内为圣德太子一族礼佛之处，所以设计成佛的世界（净土、天国）。为了能让壁画完整呈现在墙面，特别考虑了柱子的配置与间隔尺寸和门的位置。通常东侧和西侧的门会开在偏南的位置，这座金堂则是开在偏北的位置，目的是为了方便从正面（南）看见壁画。另外，一般的佛堂分为中间的母屋（正堂）和周遭的庑（厢房），母屋设有佛坛是为内阵，庑则作为礼拜者使用的外阵，母屋背后砌一道墙，借以区隔北侧庑。但是这座建筑为了便于看见北边的壁画，没有砌出这道墙，而是让佛像壁画环绕的金堂内部全部作为内阵使用。

第二项基本设计则是支撑屋顶的铺作使用了云形拱，其古老造型取材自推古天皇御用的玉虫厨子（见90页），直至今日尚未在朝鲜、中国看到相同之物。不过内部的墙壁画满佛的世界、群山、仙女，柱头使用云形拱，感觉十分相配。云形拱也出现在斑鸠的法轮寺和法起寺，想来是出自同一批工匠之手。

造寺工根据基本计划画出设计图。由于当时已开始使用方眼纸（或是布、木板），故能够画出准确的设计图。画图使用的尺是从古坟时代便沿用的高丽尺（一尺相当于现在的一尺一寸八分五厘，约36厘米）。事实上当时已十分流行使用新的唐尺（一尺相当于现在的九寸七分五厘，约29.6厘米。现在的一尺为30.3厘米）。

当时设计的尺寸是以承接屋顶的垂木间隔为单位的。以法隆寺来说，描绘方眼纸时，是以高丽尺的七寸五分（相当于唐尺的九尺，约27厘米）为单位的。设计图分别画出呈现金堂整体平面的平面图、由外侧所见的立面图和纵切建筑物以呈现结构的剖面图。

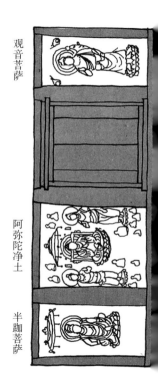

观音菩萨

阿弥陀净土

半跏菩萨

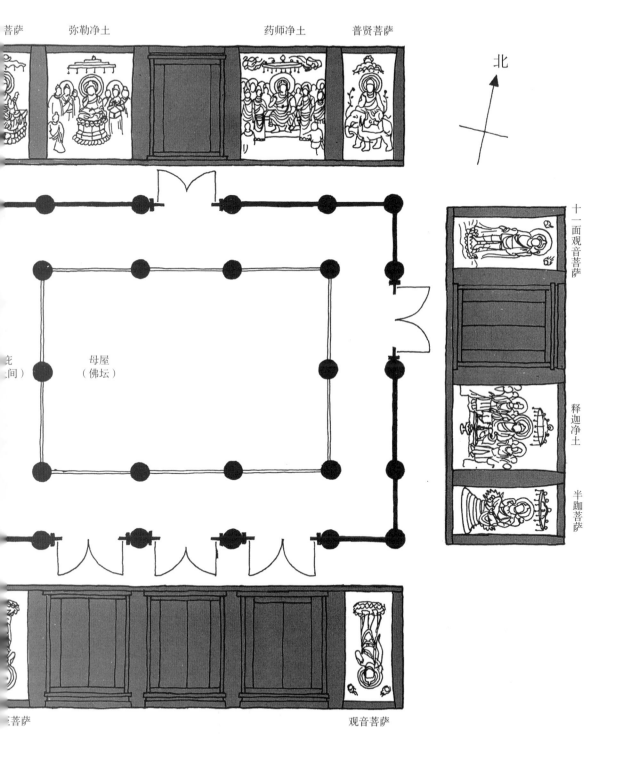

菩萨　　　弥勒净土　　　　　　　药师净土　　　普贤菩萨

北

十一面观音菩萨

释迦净土

半跏菩萨

龛　　　母屋
间）　　（佛坛）

菩萨　　　　　　　　　　　观音菩萨

15

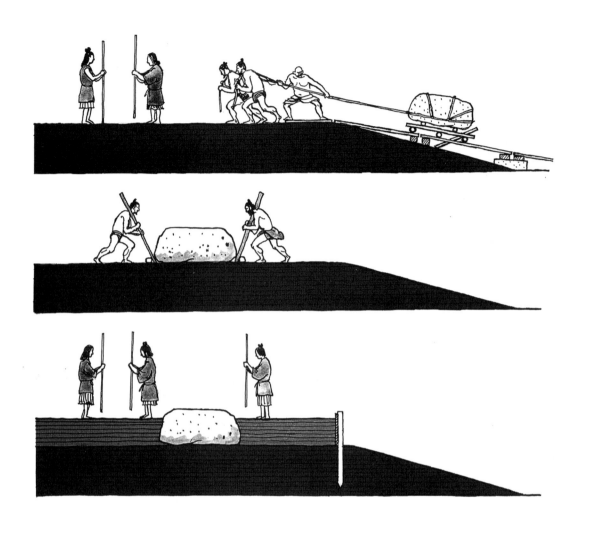

日本人在盖房子时，通常会先在四角挖洞、竖立柱子，再填土巩固，称为"掘立柱式"。屋顶铺上茅草或木板，因为质轻，这种单纯的建造方式不会有问题。但中国式建筑就不一样了。

由于屋顶上面砌有大量用泥土制成的瓦片和固定瓦片的泥土，为了支撑这些重量，建材必须粗大且量多，结构也相对复杂。很自然地，整个建筑就会显得十分厚重，梁柱也需要较大的础石。支撑础石的地基也必须十分稳固，所以得先打好基础。正因为法隆寺是中国式建筑，所以一切工程便先从建造台基开始。

兴建金堂的土地，首先得扫去泥土，露出地表（天然坚硬的地基），再用中国传统的版筑方法建造台基。所谓版筑，就是填埋约 10 厘米厚、与地表同样的黏土，并反复压填。压填时，只需妇女的力量就足够了。妇女拿着高度等身的细长木棒，一边聊天一边敲击。较之男人的强壮力道，这种做法反而更能将黏土里的空气逐一排出，达到紧密厚实的效果。

台基建到一半时，先将础石移到台基上的固定位置。础石用的是被烧毁的金堂的遗留物，大小不一，直径从 1 米到 2 米都有。承接柱子的部

分做成隆起的圆形。其中有些表面因火灾而烧黑，必须先削去。

接着在台基上面打桩，拉起水平的线（水线），并让水线直角交错以定出柱子的中心点，然后在中心点交错的位置定出础石的位置和高度。这项工作说起来简单，其实却相当困难（若是新的础石，定好位置后还必须整理表面）。

为了确定是否水平，必须使用水平仪。那是在厚木板上挖出一道水槽，注入水以追求木板的水平，再配合使用水线。由于水线较低，必须在较高的固定位置拉出另一条水线，作为高点的基线。

础石安置好后，在台基四周围上木板，并继续在木板内侧进行版筑工程。就这样一边稳固础石周围的土地，一边填土完成台基。

这种版筑技术，在古坟时代还只是少量运用，进入奈良时代[1]之后已不受青睐，因为人们发现日本土地潮湿、容易坚实，其实没有必要多此一举。

1　日本定都奈良平城京的时代，从公元710年至794年迁都京都平安京为止。

另一方面，造寺工根据设计图列出所需木材的尺寸和数量，开始收集木材。奈良地方的桧木当时几乎已经砍伐殆尽，幸亏在法隆寺附近的生驹山还有林产。

于是在生驹山中设置伐木场（山作所）。砍伐树木时，伐木工人将板斧靠在树干上，"我们不会亏待树木的生命，请让我们砍伐"，取得神明的允许后才伐木。

砍下的原木，大部分用楔子劈成两半。因为柱子里面如果有木材心，日后会有裂开之虞，劈成两半可避开木材心。为了做出金堂直径最大的二尺二寸（约66厘米）的柱子，必须要有直径五尺（约1.5米）的粗大木材才行。如此一来，裁下来的木材纤维不会断裂，比较容易干燥。然后再用板斧削成四方形的角材。

经由如此加工后，原木缩减到40%以下的分量，自然也就方便运到建筑工地。角材在运送期间继续干燥，容易弯曲的木材会自然弯曲，也方便于在工地整形。运送木材则是使用牛车。

曲尺：弯成直角的铁尺，上面刻有尺度。

锷凿：事先打出钉子的位置，然后敲击锷缘抽出凿子，再将钉子打进洞里。

间竿：长木杆上画有简单尺度的长尺。

在建筑工地会举行清洁工具的"清刨"仪式。这些工具几乎都是从古坟时代起便开始使用的，被用于佛教建筑后仍不断加以改良。

古坟时代的锯子只是将刀刃塞进木把用来伐木，体积不大，但到了此一时代锐利程度已不亚于今天。不过当时只有横向的锯子，还没有和木材纹理方向平行的直锯；工地似乎也只有一两把，工人只好用凿子来切断木材。当时还没有像今天所使用的台刨，而是用枪刨修整木材表面，因此木材表面会留下和纹理方向一致的枪刨刮痕，不过时间一久，经过风吹雨打便看不出来了。

锷凿在今天大概只有修船工人才会用，但在当时却是必需品。

当时大家所使用的度量衡工具不尽相同，因此必须配合造寺工的尺度制造新的间竿。此外应该还用到测锤，这是挂在绳子下面的重物（使用石头就可以了），目的是为了保持垂直。还有楔子，其材质是坚硬的橡木，用来打进先以板斧或凿子裂开的木头缝，再将其劈开。

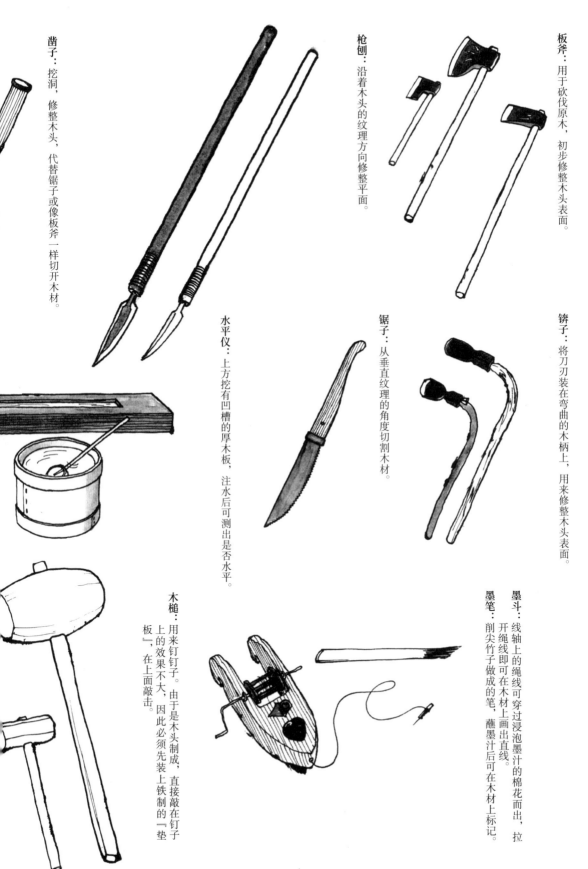

凿子：挖洞，修整木头，代替锯子或像板斧一样切开木材。

枪刨：沿着木头的纹理方向修整平面。

板斧：用于砍伐原木，初步修整木头表面。

水平仪：上方挖有凹槽的厚木板，注水后可测出是否水平。

锯子：从垂直纹理的角度切割木材。

锛子：将刀刃装在弯曲的木柄上，用来修整木头表面。

木槌：用来钉钉子。由于是木头制成，直接敲在钉子上的效果不大，因此必须先装上铁制的「垫板」，在上面敲击。

墨斗：线轴上的绳线可穿过浸泡墨汁的棉花而出，拉开绳线即可在木材上画出直线。

墨笔：削尖竹子做成的笔，蘸墨汁后可在木材上标记。

在"开工"仪式之后，建筑工地的大木匠师（木工工头）开始上墨，将山里运来的角材按照设计图用朱墨（朱砂）画出形状和尺寸。这时大木匠师根据多年经验，分辨木头的性质以决定木材的用处。例如作为柱子的木材必须根据其生长的方向，上面的部分朝上，树干的南侧也必须向着建筑物外面，并做上记号。

然后，木工根据墨线进行裁切、削整。

金堂的柱子，是腹部微凸的圆柱，上方和下方较细，由下而上三分之一的位置最粗。这种圆柱也是用角材切削而来的。先将角材改成八角形断面，再用锛子削去八角变成十六角形断面，最后再用枪刨削整成圆柱。

想来造寺工十分醉心于金堂的设计，盖好墙壁后，为了让收分看起来更漂亮，还要再度修匀圆柱的表面。

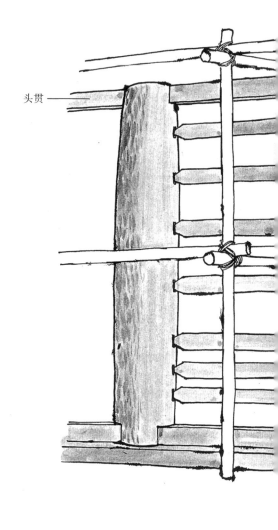

头贯

为什么要做收分呢?

建筑物的柱子固然越粗大越稳固,可是一旦太粗,整体就显得不太协调。柱子算是很醒目的组件,形体自然有必要雕刻修饰。于是将粗大圆柱的上方缩小,借以和上面的组件协调,下方也加以缩小,修饰柱子整体的形状。这种腹部微凸的圆柱,在中国还有比法隆寺更古老的实例,甚至远在希腊的神殿也可以看得到。

竖立柱子之前,必须用圆木在台基上搭起脚手架。圆木脚手架的柱子是掘立式的。在脚手架

测锤

长押

上套绳子后竖起一根柱子，然后就可以在这里举行"立柱"仪式了。

然后继续竖立其他柱子。为确定柱子是否垂直，会使用叫作测锤的工具。由于础石的高度、柱子的长短各不相同，因此柱子上方也就显得参差不齐，为了让高度一样，就必须用凿子加以削整。

接着使用头贯[1]来连接两侧的柱子。今天的日式建筑，凡是提到"贯"字，指的就是连接柱子的木材。金堂的头贯只是嵌在柱头已挖好的槽口，完全不用钉子固定。像这样不用钉子连接，而是在单方组件或双方组件做出榫孔或榫头再进行组合的方式叫作接榫。法隆寺时代的接榫技术还算简单，之后发展出复杂的接榫技艺。

作为门口的柱子，柱间会架上可上门板的框架。作为墙壁的柱子，柱间则会横向搭上木材以巩固强度。

1　联系檐柱与檐柱上方之间的矩形横木，又叫作"额枋"。

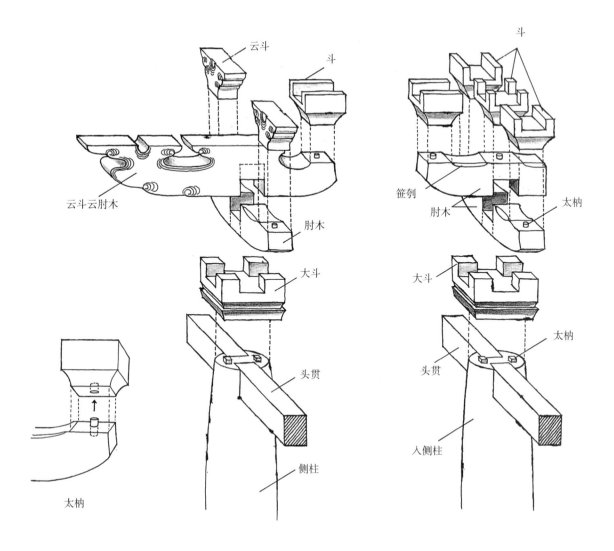

云斗

斗

云斗云肘木

斗

笹刳

肘木

太枘

肘木

大斗

太枘

大斗

头贯

头贯

太枘

入侧柱

太枘

侧柱

相对于屋顶较轻、可直接架在梁或桁上面的日本建筑，屋顶为砌瓦的中国式建筑则必须在柱子上方加上承重的斗拱。据说，瓦顶始于周朝（公元前1046年至前256年），随着时代的进步，斗拱到了汉朝（公元前206年至公元220年，相当于日本的弥生时代）更加发达。在日本的古坟时代还可看到一些简单的斗拱结构。

斗是四角形，形状类似枡；拱（日本称作肘木）则是做成细长船形的木材。在法隆寺的金堂中，侧柱柱头的斗拱和入侧柱柱头的造型有些不太一样。

提到斗拱，通常以入侧柱柱头的造型最为普遍。先在柱头放置一个大型的斗，上面再以直角搭配一个拱，然后叠上一个斗。法隆寺的斗为了保持稳定，底下还设置一个盘状物，叫作"皿板"。法隆寺的拱不同于后期的直线造型，两端和下方有着极其弯曲的线条。为了显现上方的曲线，特别加以削角处理，叫作"笹刳"（拱眼）。

舌

从这些细节不难看出设计者对美感的强烈执着。

为了接榫各个部件，斗拱中还使用了"太枘"。如此一来上下部件自然吻合。太枘通常是圆柱形，一处只用一个；但为了让柱头的大斗更为稳固，金堂特别使用了两个方形太枘。

侧柱柱头的斗拱有着奇妙的曲线，被称为"云形斗拱"。其中包含有弧度的斗，叫作"云斗"。面对外侧有一根突出的大块木材，是用同一块木材做出云斗和肘木，并削出云彩图样，称为

"云肘木"或"云斗云肘木"。此外，在更高处的出桁（撩檐枋）下也会使用斗拱合一的小型云肘木。

只有金堂的云形斗拱会配合外形曲线，在侧面刻上漩涡图案。另外会在拱下面做出名为"舌"的凸起，以增添云形斗拱的装饰效果。

木工利用凿子削整、钻洞，再用枪刨雕刻线条，一如雕刻家般制作云形斗拱。斗拱上的云状和飘浮在法隆寺附近二上山山顶的云朵相似，这会是一种偶然吗？

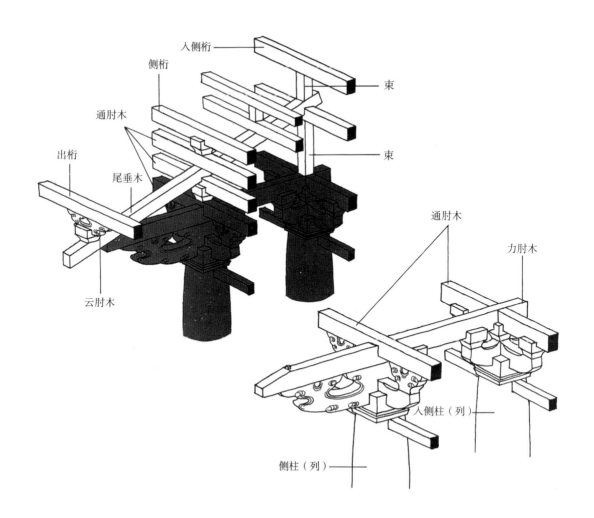

入側桁

侧桁

東

束

通肘木

出桁

尾垂木

通肘木

力肘木

云肘木

入侧柱（列）

侧柱（列）

　　在这样搭好的斗拱上面，再来搭建屋顶内部的屋架结构（小屋组）。

　　首先在入侧柱的斗上架一根通肘木（从建筑物的一头连接到另一头的肘木）。接着以连接入侧柱和侧柱的方式，在各自柱头斗拱的斗上置力肘木（承受重力的重要肘木）。然后在侧柱的云斗上架上通肘木。像这样安装组件时，必须配合木材纹理的方向，横向、纵向、横向地交错，才是符合常理。这是组装木造建筑的基本原则。

　　通肘木、力肘木等角材，其高度为基本单位

高丽尺七寸五分（现在的九寸，约 27 厘米），宽度为其八成（大小有现在住宅用柱的五根粗）。

　　搭建好屋架结构的台基后，在入侧柱的上方竖立束（垂直的短柱），束上面再连接横木。另一方面，于侧柱上方置斗，并叠上通肘木。

　　然后叠上尾垂木[1]。尾垂木是用来支撑入侧柱和侧柱上方的横向木材，以及突出于外侧力肘木前端的斜放木材。放置在尾垂木上的长条角材，是承接屋顶垂木的桁。入侧列柱上面，会在尾垂木上竖立束以承接入侧桁；侧柱上面则架起通肘

1　尾垂木相当于中国古建筑中的昂。——编者注

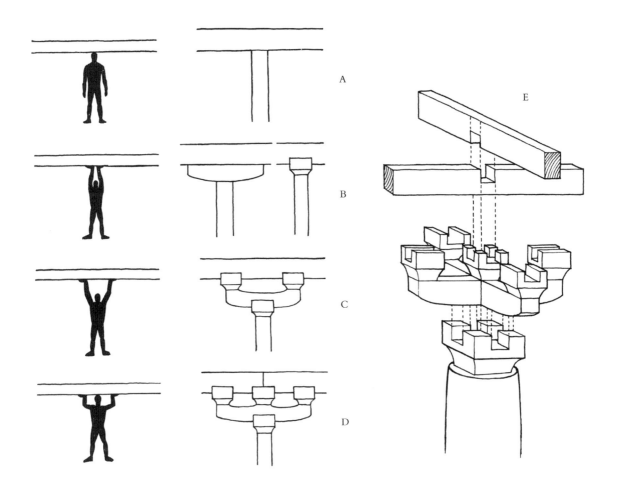

木，上面置斗以承接侧桁；尾垂木的前端则组装了斗和云肘木来承接出桁。

斗、拱或是斗拱合一的组件，究竟具有什么作用呢？

它们是用来支撑上方承接的重物，如桁、通肘木等横木，将重力传导到柱子。这里用图标解说斗拱的原理。

图 A，由于柱子和上方横木接触的面积太小，显得很不稳定。横木也有倒下的危险。木材对于来自与纹理方向垂直的集中力量抵抗力较弱。

图 B，中间加入斗或拱，情况稍微有所改善。

图 C，两边同时使用斗拱，能稳固地支撑。

图 D，拱的长度加长，上面连接三个斗，比C 更安稳。尤其适合连接横木时使用。两根横木直角相交时，必须像图 E 一样，让两个 D 以直角组装。

斗拱在建筑结构上发挥重要的功能，其精美外观也具有装饰作用。就像石砌或叠砖的拱门一样，既能撑起天井[1]，也有助于制作大型窗扇或门户，同时创造美丽的外观。

---

1 指天花板。

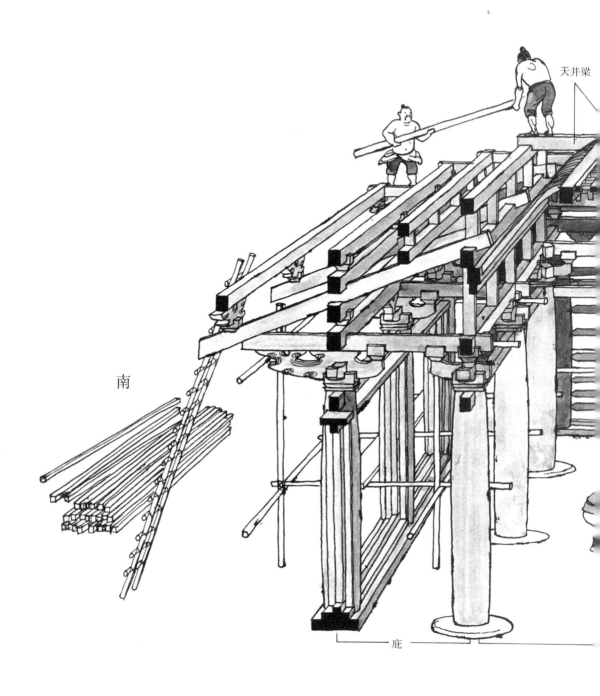

天井梁

南

庇

从柱子到桁，架叠了许多木材。每一种组件的尺寸大不同，不同工匠的制作方法也略有差异，因此金堂四角的水平高度自然会有所出入。但架桁的工作要一边测量水平一边进行。

从金堂四角不同的做工来看，推测应该是有四个监督的木工各自承担一角。

我们参照上图。图中很明显地分为母屋和庇两个部分。母屋的内部较高，庇较低。一般的佛堂，会在母屋上方架梁，做成天井。庇上面也会架梁，但不做天井。母屋作为安置佛像的内阵，

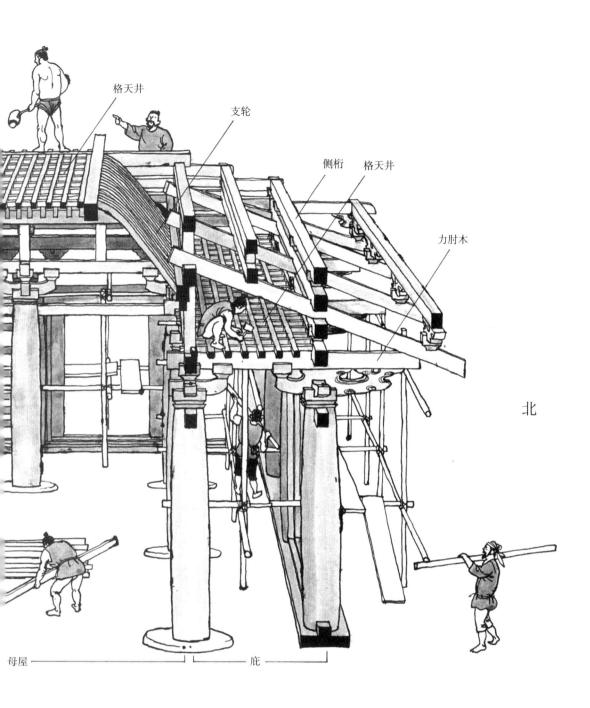

格天井

支轮

侧桁　格天井

力肘木

北

母屋 —————— ——— 庇 ———

庇则是供人礼佛的外阵。可是法隆寺却没有架梁。本来的设计是要让贯穿整个母屋的力肘木取代梁的作用，但是内阵上方有力肘木贯穿，显得不太雅观，所以力肘木只用到庇的入侧柱柱头便停止了。这是失败的做法，为了防止往柱子的内侧倾倒，后来必须增加大梁来补强（见 95 页）。

井桁（井字形的框架）内侧用细木条组成格子状的格天井。井桁周围斜立着带有弧度的木材加以支撑，叫作支轮。庇的上方也做成格天井。不同于一般的佛堂，庇四壁和内阵一样也绘有佛像。

搭建屋顶始于将四个角落的隅木（角梁）架在桁上。隅木和四角尾垂木都是支撑屋顶四角广大面积的重要木材，因此必须使用粗大的角材。而且为了做成飞檐，下方必须刨成弯曲的弧度。形成屋顶面的垂木（橡木）和桁垂直排列，并且用钉子固定在桁上。

垂木是所有结构中最细的木材，但仍是四寸乘五寸（约 12 厘米乘 15 厘米）的角材，比现在住宅用的柱子（通常为三寸五分，约 10 厘米的角材）还要粗大。这种垂木光是底层（日本称之为初重）就有将近 300 根，全都用钉子固定在桁

上，对于防止整个建筑物变形有很大的作用。垂木在结构上的重要性，到了平安时代后期随着屋顶结构的变化而消失，垂木也变得越来越细。

垂木的前端会架上名为茅负的组件，因为整面屋顶很长，通常由四五根茅负连接而成，其两端部分做成圆弧状。

连接垂木和茅负时，先在茅负的接续处各钉上三根垂木（图中深色部分）。接着将茅负用钉子固定在垂木上。茅负两端架在隅木上，让茅负的四角比中央部分翘起约一尺五寸（约 45 厘米）的弧度。

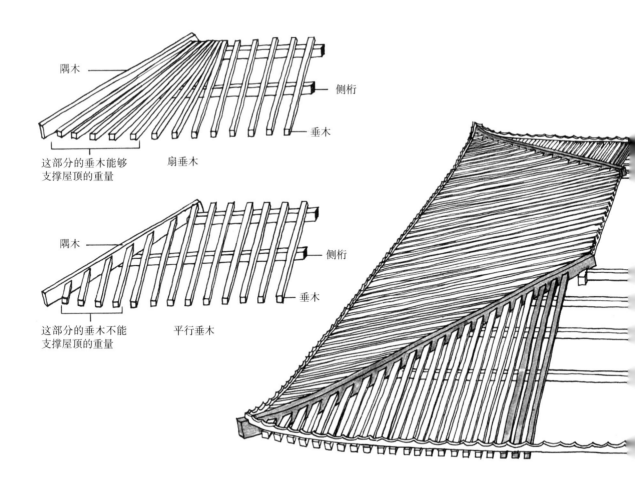

隅木

侧桁

垂木

这部分的垂木能够支撑屋顶的重量

扇垂木

隅木

侧桁

垂木

这部分的垂木不能支撑屋顶的重量

平行垂木

然后在茅负下面连接其他垂木。由于四角的垂木内侧前端较短，无法搭在侧桁上，因此直接和隅木钉在一起；也正因为垂木的长度足以架在侧桁上，所以能负起支撑屋顶的重任，相对地，四角附近的垂木则没有这个功能。这也是金堂盖好不久，屋顶的四角便开始下滑的原因（见78页）。

　　在中国，为了追求结构的合理性，屋顶四角的垂木呈扇状排列，让所有垂木都能架在侧桁上。日本一开始也是沿用这种做法，但法隆寺则改为平行垂木。以切妻屋根（山形屋顶，见36页）为最高屋顶形式的日本，其垂木就是平行排列，对日本人而言这才是正常的做法。因此其他寺庙也跟着采用平行垂木。到了镰仓时代[1]，中国式的禅宗寺院出现，又开始有了扇垂木。由于林木资源不是很丰富，中国直接拿原木作为垂木；相对地，富于林木资源的日本，需要圆形垂木时，则将先切好的角材削成圆形使用。

　　钉完垂木后，接着只要在上面钉上木板，就能铺上瓦片了。

1　以镰仓作为政治中心的时代，一般认为是从源赖朝于公元1192年开创镰仓幕府到1333年遭北条氏灭亡为止。

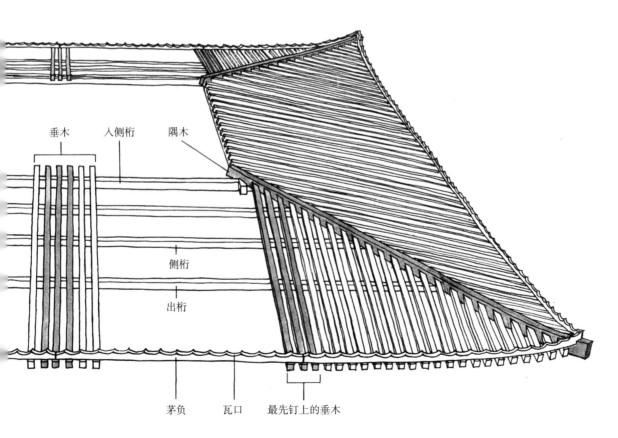

垂木　　入侧桁　　隅木

侧桁

出桁

茅负　　瓦口　　最先钉上的垂木

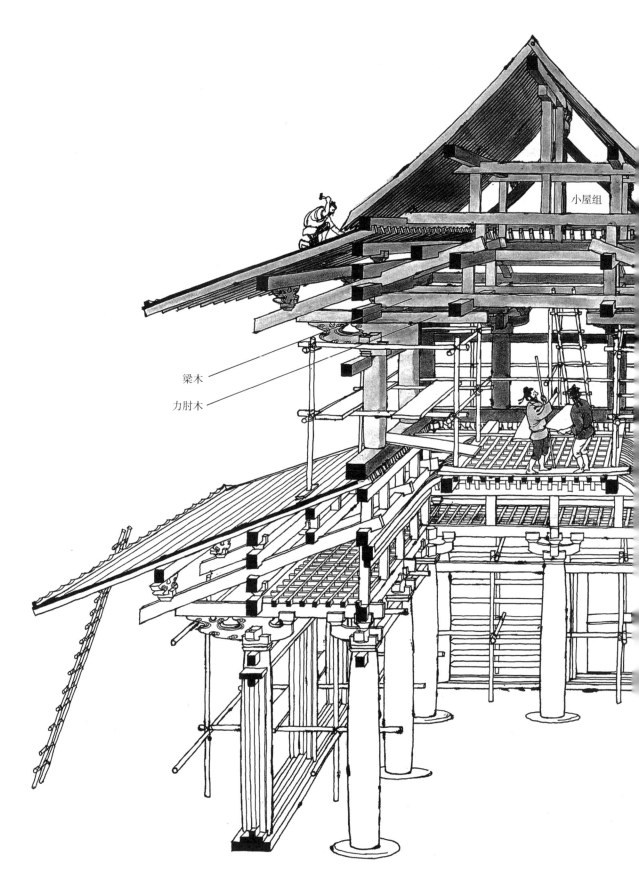

小屋组

梁木

力肘木

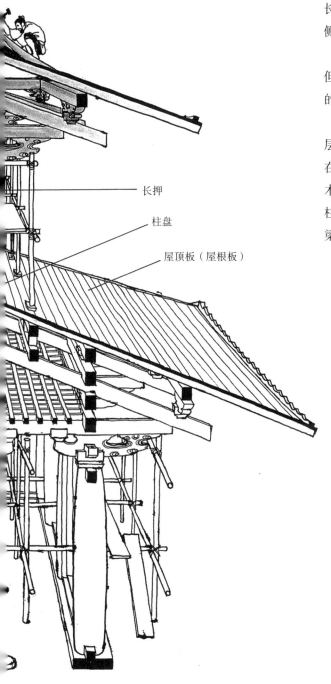

长押

柱盘

屋顶板（屋根板）

底层的结构完成后，就开始组装上层（日本称之为上重）的结构。首先在上层的垂木和隅木上端的位置安置大块木头"柱盘"，组成井桁。盘柱可做支撑上层的台基，上面竖立着粗短的柱子。

柱子上方不同于底层，先从外侧用钉子钉上长押，以连接其他柱子。长押本来应该要钉在内侧接柱子，才更能发挥稳固柱子的功能。

柱头上面和底层一样，也安置了云形斗拱，但因为上层并不作为二楼使用，大斗、云形斗拱的内侧部分也就保持原样而不做雕工。

云形斗拱上方虽置放了力肘木，却没有像底层的力肘木一样贯穿建筑物内部。取而代之的是，在力肘木内侧上方横架一根木头，上面再穿过梁木，但使用的是标准粗细的角材。后来为了防止柱子往内侧倾倒，之后的时代不得不换上更大的梁用以加固。

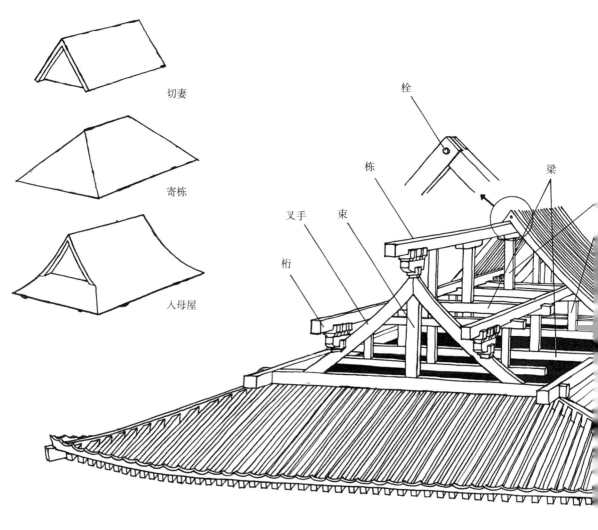

切妻

寄栋

入母屋

栋

梁

叉手　束

桁

栓

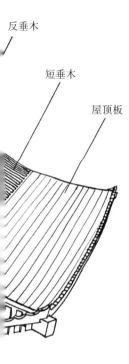

反垂木

短垂木

屋顶板

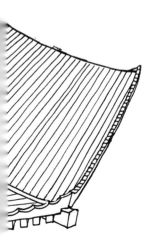

上层屋顶为入母屋造[1]，底层屋顶则是寄栋造[2]。

在佛教建筑传入日本之前，切妻才是高级的屋顶形式，被称为"真屋"；寄栋属于乡下农家的屋顶形式，叫作"东屋"。这也是传统日本神舍的正殿都是以切妻形式流传至今的原因。佛教寺院却是相反，入母屋和寄栋用于重要建筑，切妻则用于等级最低的房屋。

法隆寺金堂的入母屋造屋顶分为两段，就像是寄栋造屋顶加上切妻式屋顶一样。寄栋部分的小屋组几乎和底层完全一样，只不过垂木长度仅到侧柱上方而已。木匠在这些垂木上方横放木材，作为切妻部分的台基，并在上面架设小屋组。

小屋组由两段平行的梁木和直立的束木组成。东西两侧山墙（切妻屋顶的三角形部分）利用两根弯曲的木材做成三角形门斗（被称为叉手）。叉手上面放置斗拱以支撑梁木和栋木（安放在最高处的梁）。在叉手内侧中央竖立束木，左右两边各开一个小窗口，用来爬上屋顶。两侧山墙部分装饰华美——早在佛教建筑引进之前，日本人就很重视切妻屋顶的两侧山墙部分。

上栋之日必须举行上栋仪式。同时为了慰劳大木匠师及木工的辛劳，也会举办宴会，因为剩下的木作工程已经不多了。

在寄栋部分钉上屋顶板后，会在切妻部分钉上垂木。南北两面的垂木在栋木上方交会，并用栓固定。为了呈现切妻屋顶的弧度，会使用事先弯曲的垂木。垂木下方连接弯曲的短木，延伸至下层的屋顶形成弧度很大的曲线。就这样连接在一起，完成上层屋顶的流线造型。佛教建筑的屋顶之美，在于垂木的倾斜和弧度、隅木的弯曲弧度以及屋檐前端的茅负弧度；然而法隆寺的金堂斜度太大（切妻部分的垂木将近45度），给人外观沉重之感。

1　即上面山形、底下四面斜坡的歇山顶。

2　四面斜坡的庑殿。

在木作工程继续进行之际，屋瓦也开始制作了。工厂盖在金堂建地的东北边，利用北边丘陵的斜坡筑窑，泥土采自后山。

现在使用的屋瓦（栈瓦）源自江户中期[1]。在那之前则是使用有弧度的长方形平瓦（女瓦）和半圆筒形丸瓦[2]（男瓦）来盖屋顶。

制作平瓦时，先做出桶状的木模，盖上一块布，再裹上一层黏土板，并修匀形状，然后脱去木模，切成四等份，晾干。丸瓦则切成两等份。刚做好的瓦片，上面会残留粗糙的布纹，所以又叫布目瓦，算是古代瓦片的特征。

将做好的生瓦放进窑里烧。这种窑叫作登窑，内部呈阶梯状。最下方是烧火处，最上方则是出烟口。

这种制瓦技术是建造飞鸟寺时由人称瓦博士的百济专家引进的。登窑也是百济的做法。不过在古坟时代，日本已有烧制须惠器的做法。

排列在屋檐前方的丸瓦（轩丸瓦）上有图纹浮凸的圆板。那是将黏土粘在刻有图纹的木模，制成圆板，然后粘在丸瓦上。圆板的图纹通常是莲花（日本称之为莲华文）。轩平瓦则是将平瓦的边缘加厚展现图纹。在飞鸟寺还看不到此一用

---

1 江户时代是指由德川幕府统治的时期，从 1603 年到 1867 年为止。
2 平瓦即中国的板瓦，丸瓦即中国的筒瓦。

鸱尾

重建法隆寺的轩瓦

已被烧毁的法隆寺（若草伽蓝）的轩瓦

法，太子所建的法隆寺开了先例。当时是先贴上描绘的纸片，再用竹片刻出图纹。新的金堂则是先制作忍冬唐草图纹的木模铸造轩平瓦，花纹十分漂亮。

轩瓦的图纹随着寺庙、建造时期的不同而互异其趣，因此也是用来推断被湮灭古寺所在位置、兴建时期等的重要依据。

丸瓦

平瓦

轩丸瓦

轩平瓦

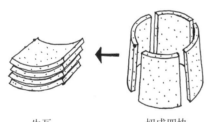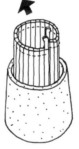

平瓦的制作方法

生瓦　　　　切成四块　　　修匀形状后　　　上黏土板　　　用细长的木板
　　　　　　　　　　　　　脱去木桶　　　　　　　　　　箍成桶包

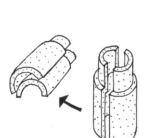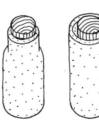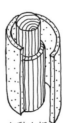

丸瓦的制作方法

生瓦　　切成两块　　脱去木模　　修匀形状　　上黏土板　　制作木模包

39

軒丸瓦

軒平瓦

茅负

瓦口

瓦片从上层屋顶依序铺排下来。

首先将几片屋瓦（一片瓦的重量约3公斤）排列在屋顶上方，为了能让重量平均落在屋顶上，必须在适当的间隔叠上屋瓦。接着一边撒土一边铺瓦片。撒土是为了让瓦片牢固，同时也有修整屋顶形状的功能。泥土中加了和土墙一样的稻秆（切碎的干稻草）。

轩平瓦配合茅负上削出来的瓦口弧度排列，然后将一般的平瓦以错开一半的长度往上堆码。如此一来，覆盖瓦片的部分都是双层的，下雨时比较不容易漏水。平瓦一直堆叠到上方，列与列之间撒上泥土，再覆盖以丸瓦。丸瓦也是由下往上覆盖。

在最上面的栋梁部分交替叠上瓦片和泥土，便形成了瓦栋。屋顶的栋梁是建筑物中最醒目之处。日本神社的正殿栋梁有千木、坚鱼木[1]，而中国自古以来则有名为"博山"的鸟形装饰。正殿栋梁的东西两侧也有类似的装饰，是做成鱼或鸟尾巴形状的大型瓦片，叫作"鸱尾"。其表面交织浮雕着轩丸瓦莲花纹和轩平瓦忍冬唐草纹的图案。此外还使用了各式各样的瓦片。

1　神殿屋脊上装饰用的交叉长木和十根平行的圆木。

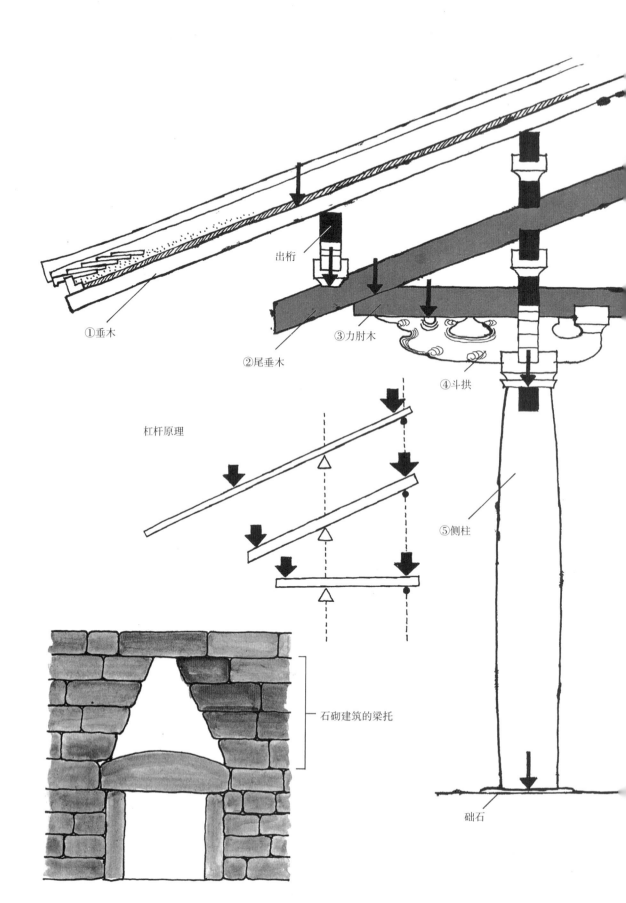

①垂木

②尾垂木

出桁

③力肘木

④斗拱

杠杆原理

⑤侧柱

石砌建筑的梁托

础石

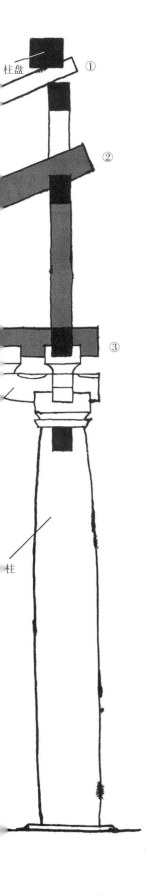

柱盘①

②

③

柱

铺好屋瓦的屋顶非常重。上层的屋瓦约有 13 000 片，包含泥土的重量大约是 60 吨。底层也有相同的重量。

这些重量具有使建筑物稳固的作用。从础石到屋顶所架叠的许多木材，经由紧密的榫接，分离的组件变成了一座完整的建筑物。在铺上瓦片之后，上层屋顶比之前下陷了约两寸（约 6 厘米）。

大木匠师必须以这种状况为前提，安排各组件的加工，例如削整柱子上端时，周围的部分比中间高出一点。如此一来，砌上屋瓦后重量传导到柱头大斗，能够让大斗底面和柱头紧密结合。

只要让建筑物变成一个稳定的结构，就能抵抗地震或大风。但其实最可怕的还是刮大风。重量十足的屋顶，由于屋檐向外翘起，一旦被风吹跑了，缺乏重力保护的建筑物很容易被吹垮。所幸法隆寺没有发生过这种情形。

为了让沉重的屋顶对建筑物有加分作用，整体建筑和屋顶重量必须相互调和。这也是法隆寺金堂所使用的垂木、桁和柱都那么粗大的原因。

要将沉重的屋顶的屋檐做得超出墙壁是很困难的，因为垂木承受不住重力，前端很容易下垂。然而，尽管法隆寺的屋顶很重，屋檐却高高飞起。其中的巧妙，请看左图。

首先，超出墙壁的屋顶重量是靠许多垂木①的支撑。下面的出桁则是由尾垂木②的前端所支撑，力量加在②上面。②由力肘木③的前端所支撑，力量加在③上面。③又是靠侧柱的斗拱④所支撑，力量从④传导至侧柱⑤。屋檐的重量就这样逐渐导入内侧，最后经由础石、台基流向地面。

这些组件的前端依⑤→④→③→②→①的顺序逐渐向外延伸。这也是石砌建筑常用的"梁托"技法。

在这种情况下，①②③各组件的内侧也必须施力，否则无法保持自身的平衡。①的上面有上层屋顶的柱盘，承受了整个上层屋顶的重量，其力量可以分散到①②③各组件的内侧，利用杠杆原理来支撑屋檐的部分。此时侧柱的位置扮演了杠杆支点的角色。上层屋顶的重量经由①→②→③→④进入入侧柱、础石，然后流向地面。

②和③所形成的三角形也发挥了支撑出桁的重要作用。一般说来，组成三角形后，即使顶点受到重力，三角形也不容易变形（桁架作用）。

要支撑如此重的屋顶，必须巧妙搭配运用这三种方法（但仍有 80 页所列的缺点）。

　　上层的屋顶上完瓦片，整个建筑物便成型了，之后就要开始进行涂墙的工程。墙土用的是采自后山的黏土。在洼地灌水，放入黏土，再加入干稻草搅拌，做成水田般的泥浆，先放到一边。到了要用时再混进新的干稻草，不断搅拌。混合均匀后，黏土和稻草成为一体，就能做出坚固的墙壁。

　　为了让壁土容易附着，在墙底加上纵横交错的细木条（木舞），并用藤条固定。背面也是同样做法。这时藤条的最上端会被塞进事先在头贯下面挖好的洞里，以避免在进行涂墙作业时，因为墙土的重量而导致泥墙剥落。

接着就要涂墙了。壁工（泥水工人）先将拌好的墙土搓成丸状，用手用力塞进木条间；在墙的背面也进行同样的操作，完成墙的主体。黏土干了之后会变得很坚硬，同时也会缩小，产生裂痕，不过混入的干稻草具有补强的功能，使墙壁得以保全。

接着开始涂中间部分，将墙面涂平。这时用的是掺了很多泥沙的黏土。虽然强度减弱，但表面不容易龟裂。上面再用加了白土、白砂和麻等植物纤维做成的土料完成最后的加工。做好的墙壁厚约五寸（约 15 厘米），十分坚固，遇到地震或刮大风时，可发挥防止建筑物左摇右晃的作用。

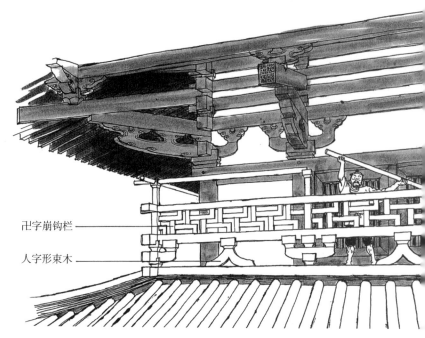

卍字崩钩栏 ————

人字形束木 ————

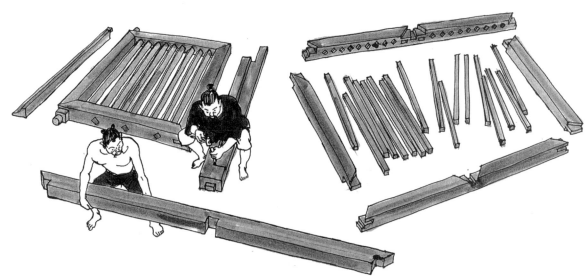

　　在上层的屋瓦铺好、所有墙壁涂刷修匀后，上层的脚手架便会被拆掉。接着一边铺设底层屋瓦，一边进行上层的装缮工程（与柱子、墙壁、屋顶等结构体没有直接关系的工程）。

　　没有涂上泥墙的柱间则装设直棂窗，窗内竖立一整排细长的木棒。为了避免风吹雨打，里面还要加装一层木板。南侧中央柱子的左右两边，直棂窗制作为向内开启的形式。

　　窗外设有钩栏。由于上层没有铺设让人爬上去的地板，所以并不需要栏杆。但是在中国的宫殿建筑中钩栏是很重要的。沿用中国形式，架设了被视为装饰部分的钩栏。钩栏的棂格采用名为卍字崩的美丽图样。这种图样在奈良时代以后不复可见。栏杆下还使用了人字形束木，这在日本其他地方是看不到的。不过中国古代倒是常使用卍字崩的钩栏和人字形束木。

　　完成底层的屋顶后，底层的脚手架也会被拆除。接着装上底层六个出入口的 12 扇门扉。门扉厚三寸五分（约 10 厘米），宽三尺三寸（约 1 米），高九尺七寸（约 3 米），完全由一整块木头制成。同时还必须在门扉上下做出承轴。

　　接下来是上色。木头部分几乎都是涂成朱红色。垂木前端是黄色，在垂木和垂木之间露出的屋顶是白色，直棂窗则涂成绿色。朱红色的原料是朱砂，黄色是黄土，白色是白土，绿色是铜绿，分别融在胶液里使用。

　　上色并非只是为了装饰，还可以避免木头表面受到风吹雨淋。在佛教建筑引进日本之前的古坟时代，就已经有部分建筑上色了。

　　上色的同时，也在屋檐四角的隅木装上青铜制的风铎。一起风，就会发出如风铃般的声响。

　　装缮工程一结束，搭建台基的工作便开始了。此时的台基仍然只是土堆。首先要修边，法隆寺的台基是上下两层的，所以必须要修整出形状。

　　堆砌在台基周围的石块用的是金堂烧毁后的残余。凝灰岩十分耐火。不足的部分再到附近二上山的凝灰岩采石场购买。由于石头的质地松软，使用木作工具凿子、锛子就能削整。这种凝灰岩石材，除了法隆寺之外，在奈良时代常用来作为

宫殿等建筑的台基与础石。

　　首先堆砌上层台基的石块。将细长的石块铺在土台上，接着竖立古老的羽目石（竖立在台基侧面的石板），上面再叠上新的羽目石，围出整个台基的四壁。接着开始排列台基上方作为边缘的石块。使用坚硬、不易腐蚀的梧桐木做成的太枘来连接羽目石。

　　下层的台基，直接在地面竖立较矮的羽目石，然后在上面水平排列石块。台基必须先削整

出四个方向的阶梯形状，再铺上凝灰岩。阶梯做得很陡（目前已将坡度改缓）。

完成石砌工程后，将台基石块的表面涂上黑土（取自法隆寺后山松尾寺附近的锰土）。这种涂上黑土的台基，在其他地方也不复得见。于是乎金堂有了朱、绿、黄、白、黑五种颜色。这五种颜色乃红（朱）、黄、绿三原色，加上黑白两色，为中国与印度的基本色。

天井板描绘的莲花

天井板描绘了这类涂鸦

底层屋顶的内部用红漆涂色。天井上面也画有图案。天井板是用一寸（约3厘米）厚的桧木板制成的，宽度为一个格子宽（约27厘米），长度则不一。

首先将预定画上图案的底面用枪刨修匀，然后先将木板升上天井，于下面看得到的位置打上记号，再放回地面。接着在打上记号的位置画草稿，涂上白色胡粉后描绘莲花。为了确定图案的位置和大小，这时必须使用圆规。先用墨汁描绘花的轮廓，再用八种颜料上色。由于工程繁复，画工得分工合作，所以每个人笔下的花朵会有些不同。

或许是因为这项作业很单调，画工在天井被格子所掩盖的部分画了许多涂鸦，多达230处。有的是画同伴的素描，有的是画动物的蹄印，甚至也有不适合放在佛像头上的图案。从这些涂鸦可以想见佛教信仰在当时还未深入民间。最后用钉子将画好图案的天井板钉上天井。

母屋天井四周的支轮板[1]，是用桧木或更柔软的花柏木厚木板配合支轮的曲线削成弯曲的表面。上面画有莲花唐草图案，从支轮背后以钉子固定。

1　支轮板即垂木之间的板，与天井一起形成吊顶，将上部结构与下部空间分隔开，类似于中国的峻脚椽。——编者注

为了便于看见壁画内容，这里将左前方
的柱子画成半透明

底层内部的墙壁，按照当初的计划绘制壁画。

母屋天井下的四周壁面，重复画了一对在空中飞翔的天人，共 20 幅。庇天井下的四周墙壁画的则是在深山打坐的罗汉（修德有成的僧人），画中的山和奈良盆地低缓的群山很相似。下面柱间的墙壁，画的是佛像（见 15 页）。四边八块狭小的墙上，各画了一尊菩萨。西侧较宽广的墙面上，画着以阿弥陀佛为中心的世界（阿弥陀净土）；北侧两面宽广的墙上，西墙为弥勒净土，东墙为药师净土；东侧宽广的墙壁则用于描绘释迦净土。

绘制这些壁画时，先要根据原图打草稿。在草稿背面涂上红漆，将草稿以胶水贴在涂抹白土的墙面上，用铁笔描摹草稿，让线条印在墙上。画工再根据线条印痕描画轮廓，并且上色。之后加上阴影、光线以产生立体感，最后重新描边便完成了。画工使用的是矿物制成的岩绘颜料，由于岩绘颜料色彩鲜艳，不容易变色，使得这些壁画流传久远。

画工以 8 名为主，各自负责描绘净土图和两尊菩萨画像。描绘西侧阿弥陀净土的画工，大概是负责指导整体画作的人，因为他的功夫最了得。

天人、山中罗汉、四佛净土的壁画构图亦可见于敦煌；其他从唐朝传入的壁画也流传着，但金堂壁画的高雅氛围和崇高气势则是无与伦比，大概是模仿自如今已湮灭的长安或洛阳寺庙，可说是当时成就最高的壁画吧。斑鸠寺烧毁的翌年，遣唐史黄文本实自唐土归来，想来这些壁画是根据他所带回的原画，由黄文画师描绘而成的（有关佛像的名称见 96 页）。

接着就要卜个吉日良辰来安坐佛像。佛坛是在母屋柱子的外侧钉上长押，加上木板而成的（现在已经改成泥土地板，重新涂抹灰泥）。

金堂通常会将本尊的佛像安置在中央，但这里则配合三个柱间安置了三组佛像，佛像都是由法轮寺运送过来的。

中间安坐的是药师佛像。那是之前法隆寺本尊烧毁后重新制作的（见10页），作为新的法隆寺本尊，它显得太小，感觉很不协调。不过因其背光（佛像背后代表光圈的雕刻）后面刻有"药师像乃推古天皇与圣德太子为用明天皇所立"的文字，所以仍被视作跟之前的本尊一样。

　　东边的柱间安坐的是释迦三尊像。这是为了祈求圣德太子崩殂后的冥福而雕刻的（见 9 页）。西边的柱间则安置了八尊小铜佛和三尊铜铸佛像（用铜板铸轧而成的佛像），这是为了供养山背大兄王等八位王子和三位母妃，也就是太子的妃嫔（见 9 页）。

　　东边柱间释迦佛像的后面，有一个开口朝东的玉虫厨子（仿宫殿造型的柜子，里面安置着释迦佛像）。此外还安置了和太子有关的佛像。

　　在美丽壁画的包围下，这些金碧辉煌的佛像散发着耀眼的光芒，让前来礼佛的人很自然地想起身处极乐净土的太子一家人。

金堂就这样建造完工了。当时应该是选了个黄
道吉日，盛大举办"落庆供养"（完工仪式）。虽
然不知道确切的日期是哪一天，但在天武天皇八年
（679），政府停止每年给予法隆寺的援助款，可见此
时工程已经完全结束。从开始计划到完工的五六年
中，光是工地现场的工程就用了一半左右的时间。

天武天皇同时要求所有依当地名字称呼的寺庙都
要改成中国式名字。从此以后斑鸠寺就正式称为"法
隆寺"了。

法隆寺的金堂规模比起日后兴建的天皇家庙药师寺要小，但恢宏的程度却毫不逊色。不论是云形斗拱、腹部微凸的圆柱、卍字崩图样的钩栏、人字形束木等，都是精彩无比的设计。像这种强而有力的设计，在后代的建筑中已经无法得见。

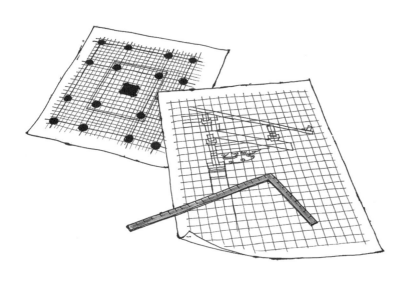

金堂落成后，人们开始祈祷早日兴建寺庙的另一重点：宝塔。但由于政府已停止援助，兴建宝塔的计划只能暂时搁置。

天武天皇驾崩后，皇后继位成为持统天皇。持统天皇立即开始建造藤原京，并在藤原京内兴建药师寺以供养天武天皇。各地豪族也以供养天皇之名，开始兴建自家氏族的家庙。虽然无法得知法隆寺宝塔兴建计划具体成型的时期，但大概是在这一时期。

这一次，宝塔设计得比之前被烧毁的宝塔要小。位置也与之前不同，改在金堂的西侧，并考虑两者间的平衡，宝塔被设计成金堂的两倍高，高约一百尺（约 30 米），不过仍旧是五层宝塔，虽然只有第一层会被使用。宝塔的塔基为三间四方的正方形，四根柱子（四天柱）的内侧为佛坛。塔中央将竖立一根名为心柱的粗大柱子，并由心柱在第五层屋顶上顶着沉重的青铜相轮（见 75 页）。这是当时建造宝塔的做法。

同一时期兴建的藤原京药师寺（目前残存三重塔的药师寺是之后建于平城京的药师寺），采用的是经由新罗传入日本的唐朝新建筑样式。法隆寺的五重塔和已经完工的金堂则是古老的建筑样式。

在法隆寺附近已找不到建塔所需的桧木了，只好到奈良盆地南方的吉野山中砍伐。

木场根据寺方要求加工木材。用于承受重力的底层建材，必须选用最好的木材。而且不同于金堂，垂木也必须选择空心的好木材。作为心柱的木材，选用树龄800—1000年的高大桧木，并用斧头削整成八角形断面。

然后将这些加工完成的木材编成木筏，丢进河里，直接运送到法隆寺附近的富雄川。在利用河川运送木材的过程中，木材会流出树液，上岸后即变成容易干燥的状态。

承接心柱的础石（心础）拟采用已被烧毁的五重塔的础石，于是特别将其从地下挖出来。但由于石头已有裂缝，只好到附近找寻天然石块。石块十分巨大，必须用坚硬的橡木做成的木橇（不知从何时起称为"修罗"）来搬运。许多人大声吆喝，在木橇前面拉曳绳子搬运。

在兴建宝塔的地点挖好大洞，准备将心础放进去。在地面上做了一道斜坡，用以卸下心础，并将其慢慢滑进洞里。心础上端位于地表下方四尺多（约1.2米），距离预定的塔基则有九尺（约2.7米）远。

石匠将心础的上面削平，在要竖立心柱的位置凿出一个直径和深度都是九寸（约27厘米）的洞，洞里面用来安放舍利（释迦的遗骨）。

铜铸的盖子

银链
铜镜
铜碗
玉石和香木

铜器
银器
金器

玻璃舍利瓶

把舍利放入在当时算是十分贵重的玻璃小瓶中，塞上银栓，再装入透雕的金器中，然后一层又一层收放在银器和铜器里，连同玉石、香木、铜镜等放在础石里，盖上铜盖。当时应该举行了庄严的供养仪式。舍利收藏在金、银、铜的容器中，乃是根据释迦遗骨安置在金棺、银棺和铜棺的故事而来的。

心柱一旦竖立在心础上，就再看不到也无法取出舍利。心柱便成为释迦的象征。

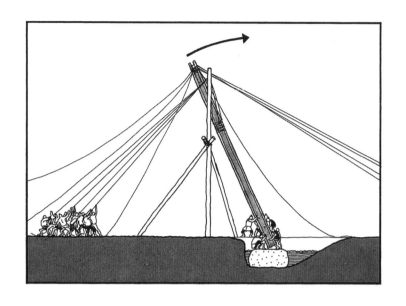

在工地现场，木工忙着将运来的木材加工成建塔所需的组件。先用钉子或朱墨在木材上做记号，然后加以切削。

心柱最粗大的底部将近三尺（约90厘米），整体高度百尺余（约30米），是用两根八角形木材相接而成的。在连接两根八角形木材时，为了避免脱落、扭曲等情形发生，接榫点必须紧密咬合。为了使接合更稳固，还要在心柱的四边加上补强木材。

为什么要连接两根木材呢？毕竟要找到一根那么大的木头并不容易；就算找到了，如何垂直竖立又是一个问题。若观察已被烧毁的法隆寺五重塔的心础做法，可知其心柱也是采用同样的形式。

两根准备好的心柱木材中，先将底下的一根竖立在心础之上。我们并不知当时的人是如何竖立高五十尺（约15米）的柱子的，以下是我们的推测。

首先将上面挂有滑轮、作为支撑的木头竖立在埋有心础的洞口外。然后将心柱的底部横倒在心础上。穿过滑轮的绳索一端绑在心柱上头，牵引绳索的另一端时，便会逐渐拉高心柱。心柱被拉高到一定的斜度后就简单了，只要将事先绑在心柱上头的绳索，从各种方向拉曳，让柱子垂直立好，然后将绳索绑在木桩上，固定在四周。

　竖立好心柱，填埋好洞口，接着开始在心柱周遭围上木板，并涂上黏土，至离地面九尺（约2.7米）的高度。黏土干了以后，心柱的底部便十分稳固了。像这种在地下础石之上竖立心柱的做法，可说是并用掘立柱式和础石式，在中国也看得到。不过这种做法日后却产生了意外的结果。

　竖立心柱那一天应该会举行立柱仪式。之后

就跟金堂一样，以版筑方式建立塔基。这时会放置心础以外的础石，这些础石都是取自五重塔遗迹。一如金堂用的础石，上面有承载柱子的圆洞，做工颇为精细。只不过新的五重塔规模比之前的小，因此圆洞显得稍微大了些。

　木工在塔基上面搭起兴建第一层楼所需的脚手架，将一根根圆柱整整齐齐地按照柱间排列。

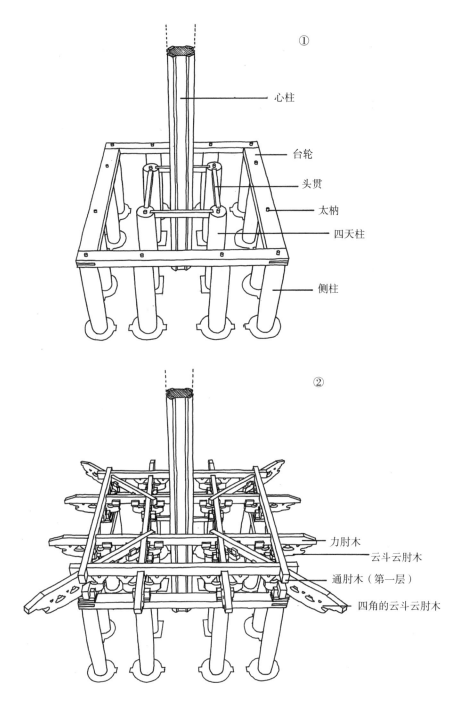

①

心柱

台轮

头贯

太枘

四天柱

侧柱

②

力肘木

云斗云肘木

通肘木（第一层）

四角的云斗云肘木

　　接下来要组合加工完成的木材。什么样的木材用在哪个位置，已经用墨汁打上记号了。

　　①首先分别将四天柱和侧柱立起来，然后用头贯连接。不同于金堂的做法，这里是用一整根的头贯连接整排柱子，而且因为柱头架有名为台轮的组件，使得宝塔的第一层柱子显然要比金堂稳固得多。

　　②和金堂一样，四天柱的顶端和侧柱的台轮装设了云斗云肘木（见26页），架上力肘木。和金堂不同之处在于力肘木是贯穿建筑物的内部的，例如从南侧到北侧就是以一根木头贯穿，这在结构上比较合理。

　　③接着在力肘木之上架设屋架结构。先在侧柱之上利用斗叠架两层通肘木，并在内侧的力肘

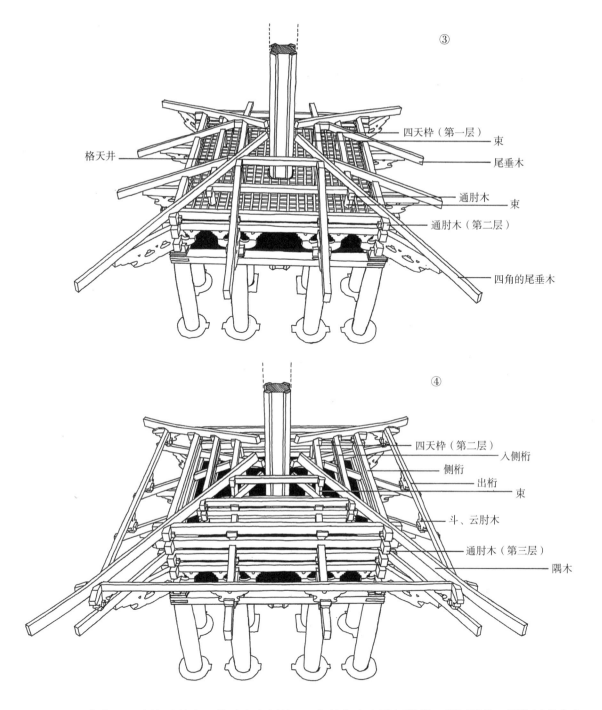

③

格天井 —— 四天枠（第一层）—— 束

尾垂木

通肘木 —— 束

通肘木（第二层）

四角的尾垂木

④

四天枠（第二层）

入侧桁

侧桁

出桁 —— 束

斗、云肘木

通肘木（第三层）

隅木

木之上竖立束木，以连接通肘木。然后在内侧的四天柱上方也竖立束木，以架上四天枠。通肘木和四天枠都是做成井字形。接着用尾垂木斜接在两根通肘木和力肘木前端。

④在尾垂木前端放置斗、云肘木以承接出桁；在侧柱上方的通肘木放置斗以承接侧桁；在内侧的通肘木上方放置斗以承接入侧桁；在四天枠上方竖立束木以架设第二层四天枠。再依四角方向架上前端翘起的隅木。接着用钉子钉上垂木、茅负（见33页），并在垂木上面钉上屋顶板，就完成了第一层屋顶的架设。由于屋顶狭窄无法像金堂一样横向铺展屋顶板，只好纵向钉上垂木。

第二层屋顶也和金堂一样，先在第一层屋顶的垂木之上以柱盘架设井桁。以此为台基，在上面竖立粗短圆柱。用钉子从外侧将大型长押钉在柱子顶端以连接柱子。然后在长押上用圆柱架设第二层脚手架。柱子上面也和第一层屋顶一样用斗拱架设屋架结构。

接下来的第三层、第四层和第五层屋顶都是一样的做法。随着工程的进行，当各层屋顶暂时抵住心柱后，就能取下之前用来固定心柱的绳索了。

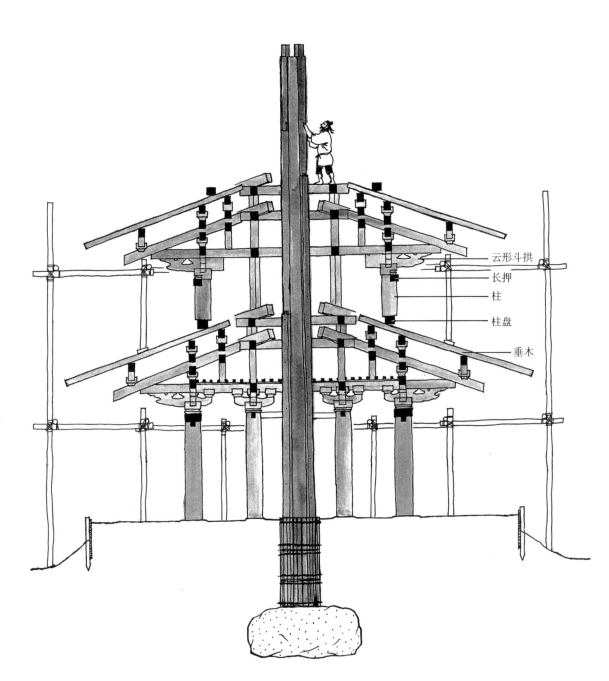

云形斗拱
长押
柱
柱盘
垂木

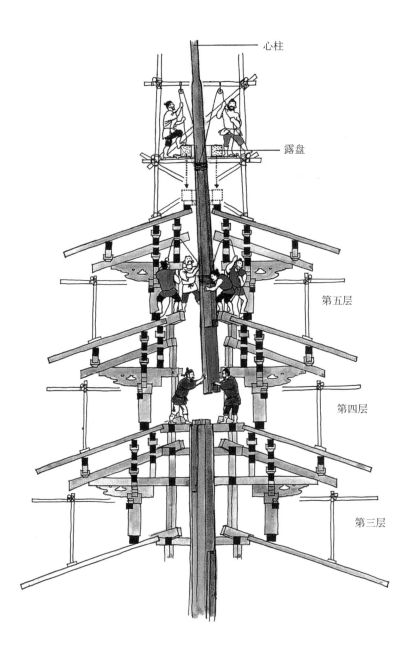

心柱

露盘

第五层

第四层

第三层

　　心柱上半段的木材该如何处理呢？事实上在架设第一层屋顶之前，就已经利用竖立好的下半段心柱将其拉起，靠在一旁绑牢。

　　等到第五层屋顶架设完成后，再将上半段心柱拉起来和下半段心柱接榫在一起。上半段心柱的榫孔直接落在下半段心柱的榫头，紧密结合，形成一根完整的心柱。从接榫位置外侧打进一根长达一尺三寸（约40厘米）的大钉子，并在四周钉上木材补强。

　　在此之前先在第五层屋顶的上方架设四方形的露盘，露盘应该是用凝灰岩做成的。穿过露盘中央的圆洞拉起上半段心柱。心柱接榫完好后，用大钉子将固定露盘的木材由侧面钉上。竖立心柱的目的似乎就是为了承接露盘和上方的青铜制组件。每一个青铜制组件的重量并非太重，可以先在屋顶的鹰架组装好，再拿到心柱上头套入嵌牢（目前的相轮有一部分是当时留下来的）。这种相轮的造型仿自印度的浮屠。

印度的浮屠

　　相轮是由铸造师在铸造场将铜灌进土模中铸成的。材料是掺有锡成分的青铜。

　　铜的铸造技术早在弥生时代[1]就已传入日本，制作出铜铎、铜镜、铜剑等铜制品。随着佛教的传入，佛教工匠也来到日本制作大型佛像，远渡重洋而来的露盘博士（制作相轮的技师）开始制作高大的相轮，使得日本佛教建筑的技术突飞猛进。

　　铸造场除了制作相轮外，还制作挂在隅木的风铎、装在垂木前端的透雕铜板等金属构件。这些铜制品表面全都镀上了一层金箔。

　　此外，钉子也是铸造场的产品。只有将铁砂制成的铁料烧红烧热，不断地折叠锻打，才能炼出铁钉。做法与锻造武士刀类似。尽管铁钉的表面会生锈，却不会渗透到里面，也不容易折断。这种铁钉和木头搭配得恰到好处，质量优良。

1　公元前 10 世纪至公元 3 世纪中期，因弥生式土器的使用而得名。

金堂上层屋顶用来装饰山墙的金属构件

屋檐的风铎

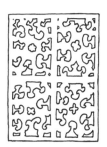

装饰金堂尾垂木前端的金属构件

装饰五重塔垂木前端的金属构件

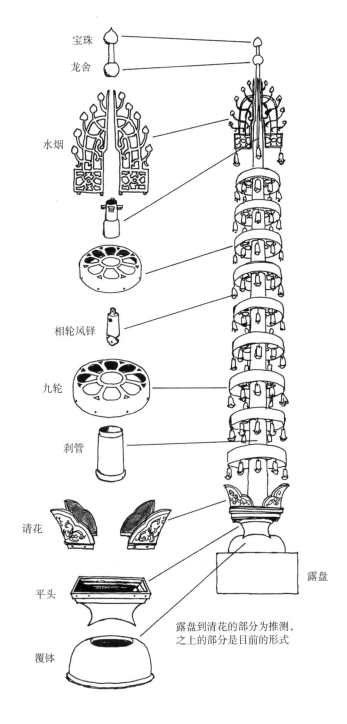

宝珠

龙舍

水烟

相轮风铎

九轮

刹管

请花

平头

覆钵

露盘

露盘到请花的部分为推测，之上的部分是目前的形式

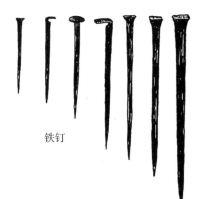

铁钉

相轮装设完毕后，便会拆掉第五层屋顶的脚手架，然后开始砌瓦、涂墙。同样的工作顺着第四层、第三层一直往下做。

涂完第五层墙壁后，给木作部分上色，在垂木和尾垂木的前端钉上金色铜片，并将风铎挂在隅木下面。在所有的作业完成后，拆掉第五层楼的脚手架，开始砌第四层屋顶的瓦片。同时装设第五层楼卍字崩图案的钩栏，最后在东侧南面的柱间装上向外开启的直棂窗，便完成了第五层楼的工程。

第四层、第三层、第二层也是同样的作业程序。不同的是，在第四层以下，东西南北四面都要装设直棂窗，其中只有南面的窗子向内开启。

开始进行第一层楼的细部组装时，距离该楼层竖立柱子已有一段时间了，有些部位的木材甚至有了风吹雨打的痕迹。

木工不用一根钉子就可以将门框和门板组装在四面中央的柱间。左右两侧的柱间设有直棂窗，用钉子在柱子外侧及腰的高度钉上长押。

　　第一层楼的内部，在直棂窗内侧钉上木板，涂抹墙壁，并绘制壁画。画的是和金堂四壁一样的菩萨像。尽管墙面比金堂小，却要画上同样大小的菩萨，因此只好将背光缩小，硬是挤进画面中。

　　给木作部分涂上红漆，在格天井钉上绘有莲花纹的天井板，图纹和金堂的稍有不同。在底下看不到的地方仍可发现画工留下的涂鸦。

　　四天柱的侧面钉有长押，上面再钉上木板作为佛坛。佛坛中央立着用枪刨削整的心柱。四天柱上绘有图案。由于壁画的菩萨和金堂的配置相同，可以想见佛坛四方当初是计划在西方安置阿弥陀佛、北方安置弥勒佛、东方安置药师佛、南方安置释迦佛。我们不清楚究竟是否如此安置了，

因为后来改为安置塑像群（在木心外面贴上黏土捏制的佛像）。

　　和墙壁一样，地板也做了抹平处理。塔座的侧面也和金堂一样，砌上凝灰岩，做成双层的塔座。

　　五层宝塔就这样成型了，外观十分美丽。有一飞冲天的气势，却又呈现安定感。越往上，各层的边长越短，到了第五层已经减半。由于递减率如此之大，加上屋檐向外高高翘起，使得宝塔的气势不同凡响。

　　之后的时代，塔平面的递减率缩小；而且为了防止漏雨，砌瓦屋顶的角度变得更陡，屋檐也不再做得那么深。这就使屋顶的感觉变得沉重，整体外观像是竖立着四角柱一样。

裳阶

　　五重宝塔终于成型了，却要在第一层楼的周围加上原本计划中没有的裳阶[1]。因为已完工的金堂加装了裳阶，所以宝塔也跟着仿效。

　　为何金堂要装上裳阶呢？原来金堂四角的屋顶才一完工便出现下陷的情况。原因有二，一是支撑角檐宽广面积的垂木，因为采用平行排列，使得该部分屋顶重量全落在隅木上（见 32、33页）；二是往四角延伸的屋檐长度是其他部位的1.4 倍，使得原本支撑隅木的斗拱承受不住（见43 页）。于是想出了这样的对策，在金堂四角的柱子外面，另外立新的四角柱，用来支撑隅木下面的尾垂木。

1　即中国的副阶，指在建筑主体以外另加一圈回廊的做法。——编者注

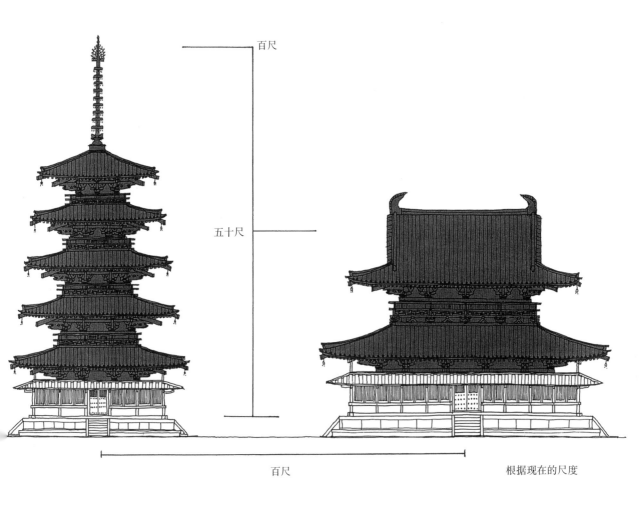

百尺

五十尺

百尺　　　　　　　　　　　　　　根据现在的尺度

　　然而这样子很难看，只好活用那些柱子，在金堂四周加上围墙，就成了法隆寺的裳阶。除了在裳阶的中央设有开口外，其他全做成直棂窗。裳阶的柱子装有简单的斗拱，上面架设木板屋檐。内侧没有做顶棚（顶棚是到江户时代才出现的），完全就是围墙的样子。由于金堂内部全被当作内阵使用，所以这种设计也有把裳阶当作外阵使用的意图吧。同一时期的藤原京药师寺也建造附有

裳阶的宝塔和金堂，大概是受法隆寺的影响。

　　为了避免四角的屋顶下陷，五重宝塔四角的云斗云肘木、力肘木都是用一根木材做成的。但是为了配合金堂造型而加上了裳阶，之后甚至还装上了支撑尾垂木的柱子。

　　裳阶做好后，便开始为第一层楼的外侧上色。裳阶的屋顶板漆成黑色，塔座的地板和侧面的石块也涂抹上黑土（锰土）。

首都从藤原京迁到平城京后的翌年，即和铜四年（711），原先的计划有所改变，要在佛坛上面加盖须弥山（耸立在世界中央的神仙居所，印度人所想象的圣山）。因此必须切断连接四天柱的头贯，将佛坛上面的天井做得更高。然后用筑墙的方法，在心柱周围的小圆柱涂上黏土，塑成假山。

在假山的周遭安置了许多塑像。假山和塑像都是用白土捏成的，外表再涂上颜色。在假山的东侧模拟了热诚的佛教徒维摩诘和文殊菩萨问答的场面；北侧是侧躺的释迦涅槃时人们悲痛欲绝的场面；西侧是释迦的遗体火葬，遗骨分送八国的场面；南侧则是释迦涅槃后五十六亿七千万年，出现在今世拯救众生的弥勒佛世界中。

描述释迦生平的塑像群，之后也曾在平城京药师寺的宝塔制作过。但这四个场面只出现在法隆寺的宝塔，其中有何缘故？可能是人们十分想念和维摩诘同为热诚佛教徒的圣德太子，为相当于日本释迦牟尼佛的太子之死感到悲伤，同时也衷心期待太子能够复活拯救众生吧。

这座须弥山造像，在二十年后进行了一次大改造。拆除木造的佛坛，拓展成超出四天柱之外的砖砌佛坛。假山做成可以仰望的形式，上面的部分则变成微微前倾的岩壁。

这次的改造发现了一个意外的事实：心柱衔接塔基的部分已经腐朽了。问题来自最上面的相轮和屋顶的雨水。雨水经由心柱渗进包裹黏土的底部，使得黏土始终处于潮湿状态。于是削去腐朽的部分，填埋石头、砖块以稳固心柱。并在每一层楼添加围住心柱的井桁枋，用来承接加钉在心柱外的补强木材。这也是今天心柱的地底部分已经完全腐烂，但塔楼仍能平安无事的原因。

塔楼接近完工之际，便开始建造环绕金堂、塔楼的中门和回廊。回廊是区隔神圣殿堂的围墙，中门则是神圣殿堂的入口。此外，中门还是为神佛而设的门（佛门），僧侣只能从回廊旁的侧门进出。

中门盖成类似金堂的形式，和宝塔内的塑像群在同一年完工。正面左右两侧的柱间各安置一尊金刚力士的塑像（见 2、3 页）。

中门正面通常设有柱间三间（柱间数目为

三）。法隆寺刚开始的建筑计划亦然，但实际完成时却是正面四间，中央竖立了一根柱子，形式很是特别。为什么会这样呢？

在这之前，作为天皇家庙的大官大寺第一次建造了正面五间的中门。东西两侧的柱间应该有金刚力士塑像，不过却在和铜四年（711）工程进行中被烧毁了。正面五间和在佛门安置金刚力士塑像的技术直到天平年间[1]才算成熟；大官大寺在当时算是相当前卫的做法。之所以会有那样的作

回廊左侧的剖面图

品，是因为斑鸠寺被烧毁后停止三十多年的遣唐使活动再度展开，第一批使者于庆云元年（704）归国，带回了唐朝当时最新的文物和知识。

法隆寺改变最初的计划，决定在塔内安置塑像，应该是因为这批技术人员和遣唐使一起来到日本的缘故。他们也改变中门的计划，决定和大官大寺一样安置金刚力士塑像。但是正面五间对金堂和宝塔而言似乎太大了，于是根据平面大小改成四间。中央的两个柱间之所以作为走道，应该是为了和金堂、宝塔左右配置协调。

回廊是像长廊一样的建筑物，内侧的柱间采用开放式，外侧柱间则装上直棂窗。法隆寺回廊的特色是：四方形础石上竖立着腹部微凸的梭柱、造型如彩虹般带点弧度的虹梁，以及组成三角形的叉手。

　　回廊始于中门，有结束于北侧的飞鸟寺形式和北接讲堂侧面的四天王寺形式两种。很有可能法隆寺当初的计划是采用四天王寺形式，之后才改为飞鸟寺形式，将讲堂盖在回廊的北侧。

　　建造五重宝塔经年累月，在即将完工之际，又开始塑造新的佛像群，同时兴建中门和回廊，并在中门安置金刚力士塑像，宏伟的规模和大官大寺不相上下。想来是因为政府有人在暗地里资助法隆寺的兴建，而那个人应该就是天武天皇之孙长屋王。

　　长屋王当上右大臣的翌年，即养老六年（722），政府重新向法隆寺提供援助款，一连援助了五年。讲堂就是在这个时期盖好的。

　　讲堂是正面八间的庞大建筑（遗憾的是在平安时代被烧毁。目前的讲堂是平安中期按照原来的大小重建的。到了中世又在西侧增加一个柱间，成为现在的九间的规模）。八个柱间的偶数讲堂，也见于飞鸟寺、四天王寺。由于柱子竖立在正面中央，并不适合安置佛像。那么法隆寺的讲堂安置了什么呢？应该是挂了"天寿国绣帐"（有刺绣的布幕）。那是金堂落成后，天武天皇所赐予的。

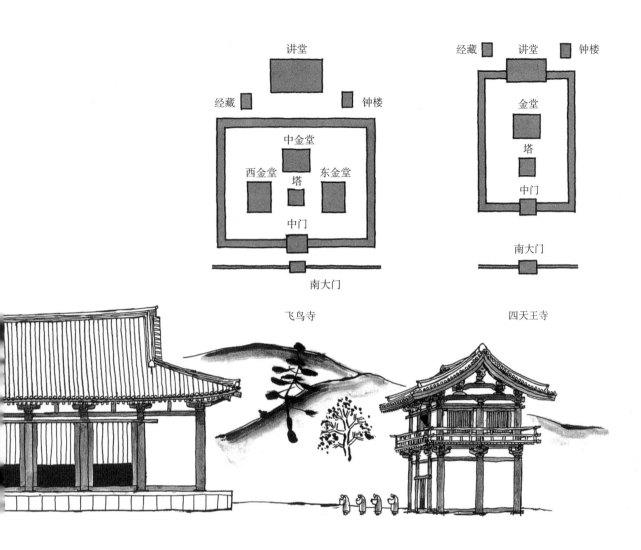

讲堂

经藏 钟楼

中金堂
西金堂 塔 东金堂

中门

南大门

飞鸟寺

经藏 讲堂 钟楼

金堂
塔
中门

南大门

四天王寺

　　天寿国绣帐共有两幅，均是一丈六尺（约 4.8 米）见方的四方形。庞大的讲堂正面是偶数柱间，应该是为了配合这两幅绣帐。绣帐上绣了一百只各背着四个文字的乌龟，文字组成一篇文章。内容讲述圣德太子的王妃橘大郎女，在太子驾崩后向祖母推古天皇祈求能看见太子往生后所在的天寿国（天国），于是天皇乃下令让宫中女性制作刺绣。右面的绣帐展现了以四重宫殿为主的天寿国；左面的绣帐描绘了男女、动物居住的地上世界。讲堂正面的阶梯设在左面绣帐前的柱间。

　　在这之前，持统天皇为了祈求天武天皇能极乐往生（寿终正寝）而将阿弥陀大绣帐安置在药师寺讲堂的厨子里，只在重要法会才开帐。想来法隆寺讲堂的天寿国绣帐也是同样的用法。由于厨子的门总是关闭着，所以讲堂也作为僧侣的食堂。药师寺则在讲堂后面另设一间同样大小的食堂。但法隆寺这样的寺庙实在无法盖两间一样大小的会堂，只好兼用。讲堂之所以盖在回廊的外面，应该也是为了方便作为食堂使用之故。

　　讲堂的前庭东侧是有挂钟的钟楼（钟楼与讲堂一起毁于祝融，现在的钟楼是平安中期重建的），西侧是收纳经典的经藏。二者都是双层的建筑。

在东大寺大佛开始铸造的天平十九年（747），法隆寺和其他接受政府援助款的寺庙，向政府提交了一份记录建造历史和财产目录的文件。从该文件可清楚得知当时的法隆寺概况。当时整个伽蓝已全部完成。

僧侣学习用的僧房，通常盖在讲堂的东、西、北三侧；但因为法隆寺（有僧侣263人）讲堂（食堂）后面是山，所以盖在偏南的位置，还建了温室（浴室）。

僧侣（大众）起居所在的大众院占据了寺庙的东侧。作为事务所的瓦顶"政屋"为中心，北侧是长一百五十尺（约45米）的厨房和灶屋。附近有木板搭建的米房（日文为稻屋）、磨坊（碓屋）和柴房（木屋），还有茅草顶的仓库三间和土砌仓库一间。政屋南侧有三栋高架仓库，其中一间是校仓。此外还为来自外地的僧人和贵宾建造了贴有桧木皮屋顶的客房。

在南边的筑地（以版筑方式盖的瓦顶围墙），

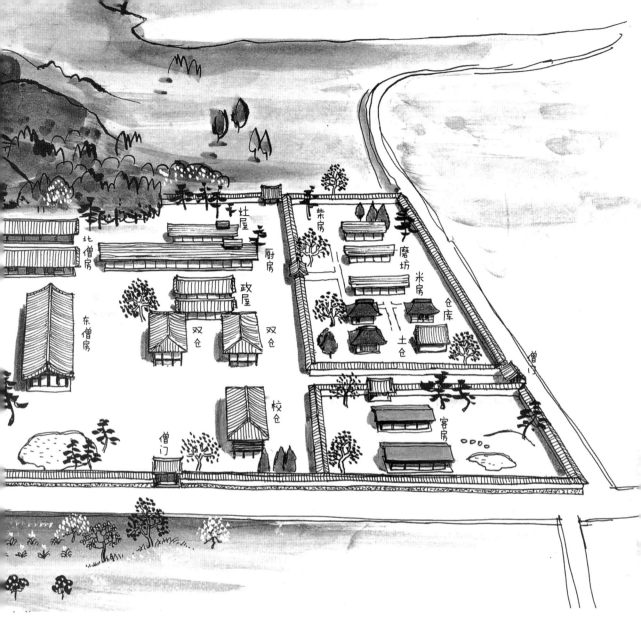

灶屋 柴房 磨坊 米房 仓库 北僧房 厨房 土仓 政屋 东僧房 双仓 双仓 僧门 校仓 僧门 客房

中门前方设有南大门，由于这是一座佛门，另外还辟了三道供僧侣进出的僧门。在大众院工作的人则从北边进出。

南边筑地前的道路对面有一整片土地，太子创建的法隆寺被烧毁的遗迹就在那里，太子一家自杀的塔楼遗迹也只剩下心础。那片土地应该是栽种供佛用鲜花的花圃和菜园。南大门迁移至这片土地的南端是在平安时代以后的事情。

文件记载的寺庙土地为百丈（一丈为十尺）

见方，实际上从西南边的古道到东北边的古道就有高丽尺百丈，面积大约三万坪（约 10 万平方米）。

如今，坐倚绿意盎然之松山的法隆寺，诸景皆备，寺中不时响起诵经声和钟声。附近中宫寺和法轮寺的钟声也时能耳闻。

最初的法隆寺可以说是圣德太子佛教信仰的证明，重建过后的法隆寺则是奉献给对国家鞠躬尽瘁的太子及其家人的纪念物。

解　说

宫上茂隆

玉虫厨子

◇ 建筑与风土

在近代建筑出现之前，建筑是以大自然的草木土石所构筑的。因此建筑和该地的自然风土有着密切关系。日本建筑的源头起于那些从东南亚、中国和朝鲜半岛漂洋过海到日本列岛的人。日本列岛自然风土的影响使他们原本的建筑风格发生了变化，加上不同形式的建筑风格相互影响，于是逐渐形成了具有独特风格的日本建筑。

构成日本建筑的重要要素是日本的桧、杉、松等针叶树资源丰富。相对地，朝鲜半岛就缺乏优质的木材。《日本书纪·神代卷》[1] 记载：让青山成为枯山的恶神素戋呜尊刚开始就降临在新罗国，其子五十猛神也带了许多种子降临，但因为那里无法种植，而带到日本列岛播种，让全岛成为青山。其他的神话传说也提到：恶神素戋呜尊

拔下胡子一丢就成了杉树，拔下胸毛一丢就成了桧树。于是荒神规定用杉木和樟木造船，用桧木盖宫殿，用松木做棺材。这些传说不仅符合朝鲜、日本的木材状况，也和考古学的调查结果一致。来到日本列岛的人们，在那遥远的古代，便已知道各种木材的性质与不同用途。自古以来，桧木都作为高级建筑之用。

林木资源不如日本优良的中国，则是使用含有木心的圆木作为柱子、桁、垂木。中国在大建筑物上使用斗拱等小组件的工艺也很发达。承袭该技术的日本刚开始也维持同样的形式，但立刻就予以改变。从宝塔的心柱就可见一斑。

重建的法隆寺五重宝塔，在其心柱四周钉上补强的木材。补强的重点固然是两根心柱接榫的部位，但木材却一路延伸到地面，显得十分不可思议。其实只要看过创建之五重宝塔的心础，自

1　《日本书纪》是日本留传至今最早的、官方认可的史书，被称为"六国史之首"，完成于公元 720 年，由舍人亲王等人撰写。以编年方式记述神话时代到持统天皇间的历史。

然就会明白。旧的补强木材也是直达心础。不过旧的心础比重建的大，而且心柱的木材较细，只有比金堂的圆柱稍粗的二尺三寸（约69厘米）。换言之，那并不是补强的木材，而是由所有木材构成一个整体的粗大心柱。这种肯定是中国式的心柱做法。重建的宝塔，由于心柱的木材已经够粗大，周边的木材只需补强接榫部位即可，但基于传统还是用了整根木材。不过之后的药师寺东塔，补强的木材就只钉在接榫的部位。

此外雨量比中国多的日本，不适合唐式建筑的屋檐斜度，之后整修时全都改成较陡的斜坡。法隆寺的五重宝塔则只改建了最顶层的屋檐。

在柱子的外侧和内侧钉上长押是对付地震很有效的做法，之后逐渐被证明。法隆寺的金堂，只在底层屋顶的侧柱最下方钉上长押；上层屋顶和塔楼只从外侧在柱头和中间钉上长押，那是因为还不太清楚长押的重要性。

尽管法隆寺是中国唐代建筑风格传入不久建造的，却已经显示逐渐融入日本的风土。

✧ 法隆寺的创建与本尊

关于法隆寺，人们有许多疑问。基本的问题大致是："这是何人、何时、为何而建，供奉之本尊为何的寺庙？"

现在，金堂内阵的中央安置释迦佛像，东侧安置药师佛像，西侧安置阿弥陀佛像。人们也相信这样的配置从没改变过。但是一如本书52页所叙述的，最初中央安置的是为用明天皇而塑造的药师佛像，东侧是释迦佛像。在天平十九年（747）的文件《法隆寺伽蓝缘起并流记资财账》中，有关佛像的部分也是先记录药师佛像，然后是释迦佛像。第三项是八尊小的金铜佛像。接着记录三尊铜铸佛像，表示安置在西侧佛坛。

大约是平安时代的中期，发生了金堂东侧华盖掉落摔破的事件。然而当年摔落的损伤痕迹，如今却不在药师佛像身上，而是在释迦佛像上。环绕在大背光绿色边缘的13位飞天不见了，边缘前端的部分朝前弯曲。换言之，华盖落下之时，东侧安置的仍是释迦佛像。根据11世纪后半叶的记录，药师佛像与释迦佛像的位置对调，和现在一样。这种配置方式的着眼点应该是想将为圣德太子而塑造的释迦佛像移至中央。

在这之前，宝塔和金堂的西院完工后，又在东边的斑鸠宫遗址上兴建上宫王院（东院），其中的八角佛殿（梦殿）就是用来安置为太子塑造的观音菩萨像的。这代表法隆寺（西院）的本尊是为用明天皇而塑造的药师佛像。金堂内阵固然也安置了为太子而塑造的释迦佛像，但法隆寺的太子信仰中心是在东院。平安时代，信仰太子的风气渐盛。金堂内本尊位置的对调，意味着本寺（西院）对东院的对抗。到了镰仓时代太子信仰更加昌盛。在这种情势下，为太子母亲间人皇后塑造的阿弥陀佛像取代了小金铜佛像群，被安置在金堂西侧的佛坛上。同时，自从华盖掉落受损以来，长期没有华盖的东侧也修复了。这就是今天我们所看到的金堂内阵。

刻在金堂药师佛像背光后的文字，内容如下："用明天皇亲自为祈求病愈发愿（发誓建造寺庙、佛像），但因驾崩，推古十五年（607）由推古天皇和太子造立药师佛像。"但观察现今这尊药师佛像的样式，推估是造于推古朝之后，上面的文字应该是后来镌刻的。不过创立于推古十五年则是可信，因为在那两年前，推古天皇才率朝廷群臣发愿造立丈六高的释迦佛像，安置在苏我氏的家庙飞鸟寺。

太子造立的法隆寺本尊药师佛像也应该是一丈六尺高。这尊佛像烧毁于天智九年（670）的火灾。现在这尊高不及两尺（约60厘米）的药师佛像，应该是火灾后重新建造的。

另一方面，金堂释迦佛像背光上所刻的文字内容为：太子生病时，膳妃也因辛劳成疾。王妃与王子发愿造立释迦佛像，祈求病愈。若太子夫妻难免一死，祝愿他们能往生极乐净土。佛像的样式也与该时代吻合。这尊释迦佛像在天智九年（670）的火灾中获救，但光背上的损伤并非当时造成，而是如前所述为华盖掉落时碰撞造成的。由于除了础石之外，已找不到任何法隆寺的遗物，所以这尊释迦佛像应该是被安置在法隆寺之外才免于祝融之灾。其安置地点，应该是在法隆寺东北方的法轮寺（三井寺）。有关这段缘起，因为和刻在释迦佛像的文字相互对应，所以释迦佛像其实是为了和太子同时过世的膳妃而由膳氏代为造立的，作为法轮寺的本尊。

和这尊释迦佛像一起被安置在重建的金堂的药师佛像，也是从法轮寺迁移过来的。根据"法隆寺火灾后，僧侣无法确定寺庙地点，三人者乃建造三井寺"的文献记载，可知取代烧毁之法隆寺本尊的小药师佛像，应是在法轮寺制作的。药师佛像似乎是仿释迦佛像的造型，两者十分相像。法隆寺金堂重建时，在药师佛像背后刻上文字，将其作为本尊供奉，但因为比释迦佛像小，药师佛像和整个金堂的建筑、中间的华盖显得十分不协调。

◇ 法隆寺的重建

《日本书纪》记载：天智天皇九年四月三十日，夜半后，法隆寺火灾，无一屋余，天降大雨雷震。由于法隆寺的文献没有记录这次火灾，长期以来人们一直相信法隆寺的金堂等是由圣德太子创建。到了明治时代[1]开始正式研究，有些学者根据前项史料主张法隆寺是火灾后重建，和持

否定意见的学者展开激烈的论战。这就是所谓的"法隆寺重建非重建论争"，由于参与的学者涉及建筑、历史、雕刻、美术等多个领域，也促进了各自领域的进步。

在靠近寺院南端的筑地，留有类似心础的遗迹，因此那里被称为"若草伽蓝"。于昭和十四年（1939）展开对此地的挖掘调查。当时还发现了被视为是金堂、宝塔等的遗迹。人们因此才知道南宝塔、北金堂的四天王寺式的伽蓝果然存在。在同样地点还挖掘到比在现在宝塔、金堂附近出土的瓦片图案更古老的瓦片，表明当地曾是圣德太子创建之法隆寺的中心。之后在金堂、宝塔的解体整修工程调查中，发现础石曾遭遇祝融，从而证明《日本书纪》的记载正确无误。

然而，为何重建的金堂、宝塔位置改变了呢？整个伽蓝配置也改变了吗？重建开始的时间为何？是在太子一族灭亡之后才重建的吗？诸多问题所留给后人的却是持不同意见的对立现状。

本书提到金堂的建筑时期是在壬申之乱以后的天武天皇时代，兴建的中心人物是膳氏。理由之一是安置在金堂的三组本尊，被认为都是从膳氏的法轮寺迁移过来的；理由之二是法轮寺和法隆寺十分相似。法轮寺的伽蓝方位，几乎和重建的法隆寺一致。宝塔、正殿、讲堂、回廊等伽蓝配置也一样。不同的是规模大小，法轮寺只有法隆寺的三分之二大。法轮寺的宝塔是三层（昭和十九年遭雷击烧毁，近年才重建完成）；其第一层、第二层和第三层，几乎和法隆寺的第一层、第三层和第五层大小一致。当然使用云形斗拱的建筑构造也相同。地下式心础和第一层楼安置塑像群的做法也都一样。

关于膳氏，《日本书纪》天武十一年（682）

---

1 公元 1868 至 1912 年。

的记载颇值得注目。记载提到：天武天皇派遣皇太子草壁皇子和壬申之乱英雄高市皇子，前去探望膳摩漏的病情，知道摩漏病故，天皇十分震惊，悲痛欲绝，为了表彰摩漏平定壬申之乱的功绩，于是赐予官位和俸禄，皇后（之后成为持统天皇）也赐赠财物。法隆寺的《资财帐》记载，天武天皇赐赠缝有四百个铃铛的绣帐两幅。镰仓时代这两幅天寿国绣帐之所以在法隆寺西侧的双仓被发现，就是因为铃铛的声音。从这点来看，法隆寺金堂的重建，应该是在创建的法隆寺烧毁后不久的天武朝初期，由膳氏负责兴建，其中心人物是摩漏。

从样式来看，金堂的壁画据说比金堂的完成还要更晚才画就。正如 14 页所述，壁画和建筑是一体计划，甚至可说是建筑计划受到壁画的牵制。至于壁画看起来是新的样式，原因在于来自唐土的原画才刚到日本不久。

值得注意的是，53 页提及的黄文本实。他在法隆寺发生火灾的前一年搭乘遣唐船渡唐，于火灾翌年回国，向天智天皇呈献水平仪。还临摹了佛足石图回来。黄文氏是高句丽王族出身，膳氏也和高句丽关系深远；黄文家族是壬申之乱功臣，膳氏也一样。尤其重要的是，圣德太子执政期间，钦定黄文画师和山背画师。原本就是官员的黄文本实，不但临摹了佛足石图，又带回水平器，完全是拜家庭环境所赐。

他从唐国带回原画，提供给膳氏作为重建法隆寺金堂之用。很有可能的是，由他带回来的画师作为指导者，指导黄文画师描绘壁画。

本书还提到一位跟法隆寺关系匪浅的长屋王。长屋王的父亲是天武天皇的长子高市皇子。前面提到高市皇子代替天皇前往探望壬申之乱的战友膳摩漏。长屋王尽管在持统天皇退位后具有继承皇位的资格，却错失了四次机会。他代表皇族，坐拥朝廷的中枢地位，竟于神龟六年（729）

受到藤原氏诬陷而被怀疑有造反之嫌，最后落到自杀的地步，是个悲剧的政治家。他的人生经历令人想起太子和山背大兄王的故事。

长屋王和太子一样，十分向往中国进步的文化，依儒教伦理的理想主义施政，也很热心研读汉诗文，常在家中举办诗会，因此重新派遣遣唐使肯定和他有关系。他还托遣唐使赠予中国僧侣一千件袈裟，使他和圣德太子的名声传进了扬州的高僧鉴真耳中，让鉴真产生赴日的念头。

在长屋王活跃的时代所完成的《日本书纪》，将他描写成和太子一样的圣人，应该不是偶然。长屋王的王子膳夫王、黄文王被认为是由膳氏和黄文氏抚养长大的，可见彼此始终维持良好的关系。长屋王的坟墓就在法隆寺后山对面的平群谷中，也是值得关注的事实。

◇ 法隆寺的建筑

法隆寺重建的建筑中，金堂、五重宝塔、中门几乎属于同一系统；回廊介于中间；较晚兴建的讲堂等部分则是完全不同的形式。

比法隆寺金堂稍晚兴建的藤原京药师寺，目前已不见踪迹；但从平城京药师寺的东塔来判断，应该是经由新罗传入日本的初唐样式。其建筑跟和唐朝恢复邦交后所兴建的平城京各寺庙有连贯性。这种建筑样式（以下称为唐式）经由东大寺、国分寺而普及全日本，成为日本佛教建筑的基本样式。

在这种统一的基本样式形成以前，日本各地所建造的寺庙建筑可能存在各种各样的形态。法隆寺金堂等建筑样式也是其一。同样位于斑鸠的法轮寺、法起寺也采用该样式。其他类似的对象还有玉虫厨子。

玉虫厨子目前收藏在法隆寺大宝藏殿。最早

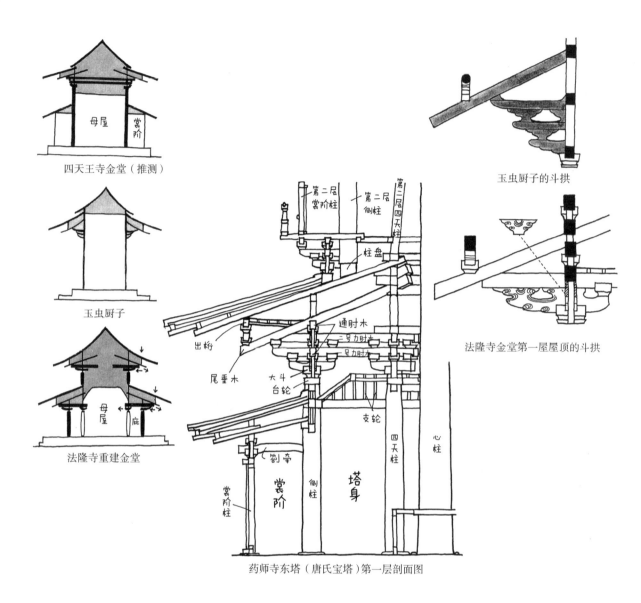

四天王寺金堂（推测）

玉虫厨子

法隆寺重建金堂

玉虫厨子的斗拱

法隆寺金堂第一屋屋顶的斗拱

第二层裳阶柱
第二层侧柱
第二层四天柱
柱盘
通肘木
三层力肘木
二层力肘木
出桁
尾垂木
大斗
台轮
支轮
四天柱
心柱
割肘
裳阶
侧柱
塔身
裳阶柱

药师寺东塔（唐氏宝塔）第一层剖面图

安置在金堂内阵东侧的释迦佛像背后。其正面描绘的图画，看起来比金堂壁画还要古老，推测这个厨子应是推古天皇所有。为了祭拜太子，天皇可能将释迦佛像安置其间，留在身边供奉。

　　玉虫厨子的宫殿部分和金堂很类似，但形式更古典。屋顶呈直线式，寄栋部分和切妻部分交接的落差处做成錣葺[1]，垂木和出桁都是圆木、皿

板开口朝上的，说明厨子遵循中国建筑的传统，比金堂还要古老。可是金堂的顶层屋顶和厨子屋顶的斜度是一样的，而且屋檐同呈正方形，屋檐高度和母屋正面的长度也相等，这些都是颇值得注意的细节。

　　比较法隆寺金堂中穿墙的云形斗拱和玉虫厨子的斗拱，可以发现金堂的斗拱是用一根木材做

1　錣乃古代武士头盔后面下垂护肩的部分；錣葺则是在屋顶中间形成高低落差的做法。

94

成的，厨子的斗拱则是两段肘木和一段斗由一根木材做成。厨子的云形斗拱整体呈倒三角形，构造上比较合理。斗拱分别用不同的木材制作，几乎和药师寺东塔的唐式斗拱没有两样。

厨子的斗和拱之间的界线以红线标记，因此模仿其结构的实体建筑物，很有可能斗拱也是用不同木材做成。我想应该是在将厨子模型化时，改用一根木材比较好做的斗拱，并做成有装饰效果的云状。反言之，法隆寺金堂也可能是模仿厨子模型而建；实际上要用一根木材做出一整段云形斗拱已十分勉强（必须要有直径五尺，约1.5米的粗大木材），无法像玉虫厨子一样做成两段。

金堂的云形斗拱已变成看不出是斗拱的新造型。而且还在曲线部分加上了线雕（上面有类似高句丽古坟壁画的云纹），比起玉虫厨子，装饰更是繁复。此外，金堂也在外侧墙面使用玉虫厨子所没有的装饰性云斗。金堂底层的柱子采用雕刻的腹部微凸圆柱，上层的柱子则使用有卍字崩棂格和人字形束木的装饰性钩栏。可以说金堂装饰得比工艺品玉虫厨子还讲究。

金堂比玉虫厨子少用一段斗拱，却支撑同样宽广的屋顶，以致日后发生了屋檐下陷的状况。

金堂没有使用唐式佛坛的大梁，也是其构造的一大特征。大梁在唐式宝塔中很常见，药师寺东塔和法隆寺宝塔都是将力肘木贯穿建筑物以发挥梁柱的功能。但如果让力肘木贯穿法隆寺的金堂底层屋顶，就会破坏内阵空间，所以在入侧柱头便切断力肘木。上层屋顶虽然可以贯穿，却也同样切断，使得柱子向内侧倾倒，日后不得不加上大梁和其他补强木材。

想要做出可使力肘木贯穿且结构合理的佛堂，只要将母屋的柱子拉高（像玉虫厨子一样）。如此一来即使力肘木贯穿其间，底下仍保有高度足够的内阵空间。如果柱子拉高影响了整体建筑的形状，只要像药师寺东塔那样在第一层加上裳阶即可解决。实际上，这样的金堂存在的可能性很高。

在法隆寺之前，圣德太子创建于大阪的四天王寺金堂，经挖掘的结果显示，它和江户时代重建的金堂，一如92页图所示在第一层加了裳阶。可见应和同样是太子创建的法隆寺金堂属于同一种形式。

既然如此，为何重建的金堂不采用同样的做法呢？我想是因为和本尊一样重要的壁画并不适合画在裳阶（不同于母屋的厢房，裳阶做得较简略）。换言之，法隆寺重建金堂的设计为了造型取胜与重视壁画，不得不修正旧有金堂的结构，牺牲部分结构的合理性。

我个人觉得这些设计指导者（书中称为造寺工），与其说是娴熟建筑技术的人，更应该说是画师、佛师，甚至是有造型艺术方面素养的僧侣或贵族。当然也一定有优秀的大木匠师随侍在侧。

◇ 守护法隆寺伽蓝

佛教常说人世无常。利用有生命的树木所建造的建筑，和人的生命一样以各种方式展现着人世无常。太子创建的法隆寺也跟随太子一族，经历六十年而湮灭。

法隆寺之所以能够重现人世，主要是缘于对太子人格缅怀的太子信仰。到今天已有一千三百年（比释迦至圣德太子的年代还长久），法隆寺堂塔依然存在，也是太子信仰的支持。

木造建筑不论盖得有多好，终究是无法保存长久的。虽说比较耐地震，但仍有许多木造建筑毁于震灾。被大风刮倒的殿堂、遭闪电雷击的塔楼有很多，毁于纵火、战争等人祸的也不少。而且木造建筑平日若疏于维修，立刻就会受损。正因为木造建筑是有生命的，挺立在风雪中的宝塔才会那么令人感动！

身为太子信仰的中心之一，法隆寺在各时代都曾有过大规模整修。换言之，随时都有人守护着法隆寺伽蓝。尤其是从镰仓时代的整修工程以来，定居在法隆寺东里和西里的建筑工匠便显得十分重要。其中还有为丰臣秀吉建筑大阪城的大木匠师。由于他所领导的法隆寺木工集团表现杰出，法隆寺伽蓝在秀赖将军的恩赐下进行了大幅整修。进而法隆寺木工也从家康以来便成为德川幕府的木工，兴建了许多重要建筑，因此法隆寺在德川幕府时代也进行过大幅整修。但是到了明治时代，寺庙却有些荒废了。

明治三十年（1897）制定的古社寺保存法，指定法隆寺建筑物为国宝，使其得以享用公费（国民税金）进行整修。始于昭和九年（1934），中间包含战乱岁月的二十年，法隆寺国宝保存事业部进行了对主要建筑物的拆解整修工程。其间，上层屋顶已拆解、正在进行底层壁画临摹的金堂于昭和二十四年（1949）失火，使底层建筑材料和壁画被烧毁。发生这种遗憾之事，只能归咎于战后的混乱。但也因为这样，日本制定了文化财产保护法。这次的整修工程和调查工作也留下划时代的成果，尤其是有关金堂整修工程的报告书可说是其中翘楚。

圣德太子所怀抱的"建设文化国家、建立道德社会"等理想，如今也成了吾人的理想。法隆寺可以说是太子人格的象征，一如过去人们所做的，继续好好守护保存下去，也将是吾人的使命！

*

⊙释迦如来　佛教创始者，为释迦族出身，故被称为释迦牟尼（意思是释迦族的圣人）。如来是开悟真理的人，释迦身为如来受到人们礼拜。左右侍是药王、药上菩萨，或是文殊、普贤菩萨。

⊙药师如来　东方琉璃光世界的教主。解救人类病苦，带来福德，是赐予现世利益的佛。左右侍是日光、月光菩萨。

⊙阿弥陀如来　位于西方十万亿土的极乐净土，接引众生的慈悲佛。左右侍是观音、大势至菩萨。

⊙弥勒菩萨　释迦的弟子，现在身为菩萨（追求悟道的修行者），住在净土兜率天。释迦涅槃五十六亿七千万年后再度出现人世，以佛（如来）的身份带来释迦的救赎，解救众生。

⊙文殊菩萨　据说是释迦涅槃后，真实存在于印度之人，以智慧闻名。

⊙维摩诘居士　《维摩经》中的主角。古印度毗舍离城的富豪，深明佛教大义的菩萨。文殊来探其病时，彼此透过种种的问答阐述空、无的思想。

⊙观世音菩萨　据说是一听到世人求救的呼唤，就会立刻现身救苦的菩萨。以千手、十一面的法相造型，显示其广大无边的慈悲。

⊙金刚力士（仁王）　佛法的守护神。展现愤怒的裸身。

⊙半跏思惟像　一只手撑着脸颊，一只脚搭在膝盖上沉思的雕像。代表开悟前的释迦——悉达多太子。和日本圣德太子形象联结在一起。又有弥勒菩萨、如意轮观音的称呼。

后记之一

西冈常一

　　昭和五十四年（1979）秋天，草思社提议我和宫上茂隆老师合作写一本关于法隆寺建筑的书。之后我便和老师一边商量一边写。枯燥无味的建筑设计图和艰深干涩的文字内容，透过穗积和夫先生的妙笔绘解，顿时变得浅显易懂，加上宫上老师的学问背书，让这本由乡下木匠策划的书得以问世，我衷心表达深深的谢意。

　　法隆寺的昭和大修理，从昭和九年四月到昭和二十九年（1934—1954），历经二十年。当年的我以 26 岁之龄，拜祖先之威名，受命担任法隆寺东院礼堂的大木匠师。之后除了战事，其余时间几乎都置身在法隆寺的工地现场，努力学习。说是学习，倒也不是整天坐在事务所里，而是到工地就创建以来经过多次小型整修的补修材料进行判断、拆除，恢复成创建当时的形式。对我而言，这就是我的工作，也是一种学习。通过这样的工作，探索创建之时木作工程的想法，并与现代比较，二十年来始终对古人的技术和功夫赞叹不已。

　　兴建房屋时，最重要的是地基。覆盖着厚厚的黏土层、不会太干燥的土地，被称为"地山"（地表）。用于涂墙、填塞屋顶的泥土，都是以地山优质的黏土揉制而成的。木造建筑的生命是屋顶，利用低温长时间烧烤黏土做成的屋瓦，既是屋顶的生命，也是该建筑物的生命所在。组装木材时所用的铁钉也必须通过低温长时间铸造。不论是屋瓦还是铁钉，来自高温短时间处理、大量生产方式的产品，其生命都是短暂的。

　　木造建筑总是需要优质的木材，例如少说也有千年树龄的桧木。而组装木造建筑时，重要的不是靠尺寸组装，而是要配合木材的性质。再怎么优良的桧木，也会因为生长环境的不同产生各自的特性。有的左旋，有的右旋，有的左弯或右翘。巧妙地因应木材特性加以组装，例如将左旋和右旋的木材组装在一起，就能抵消左右

97

反转的力量。古代的工匠就是如此巧妙地组装木材。但是现代的工匠却几乎忘记了依照木材特性来组装的方法，大概只知道按照尺寸来组装。组装木材的特性，不能只靠大木匠师一个人的力量，而是要每位工匠一起用心从事此一作业。有时看似快成功了，其实功亏一篑。工匠必须明白和木材间的对话是很重要的功夫。还有将柱子竖立在础石上时，也必须让自己的心成为础石的心，石口没对好就无法成功。许多细节希望通过本书的图解能够让读者理会。

　　总之不论是泥土、木材还是石头，使用任何建材，都要把自己当作泥土、木材或石头来做事。活用自然的生命，我想就是古老技艺的根源吧。本领固然重要，技术固然重要，但更重要的是面对工作的心态。兴建伽蓝、堂塔必须全心全意地投入，这就是身为工匠的我们所从事的工作。追求名利的工作，不能称为工作，只是一种劳动。我认为古代的工匠能够超越名利，真正埋首于工作。或许是因为他们真心笃信佛法的教诲吧。

　　在这日新月异的现代，不要只顾看着前方，而忘了好好看看脚下。但愿我们能够再次回顾省思古老的东西，把握令观者动心的部分，脚踏实地，不要弄错了进步的目标。

后记之二

穗积和夫

　　创作这本书的缘起是大卫·麦考利的《金字塔》《城堡》等建筑系列。他一边清楚地描绘过去人类建造大型建筑物的过程，一边叙述其中伟大的充满戏剧性的创意，相信任何读者都会对这种做法十分赞赏，也试图换上日本的建筑物加以思考。草思社提出本计划时，我虽明白力有未逮，但一念及西方和东方、组积造[1]和木造的差异，不免担心，以麦考利的做法将现存的法隆寺建筑重现纸上，是否真能办得到呢？

　　虽说我以前学过建筑，但对于古建筑却一向不太关心，所以面对庞大的数据、堆积如山的文献时，常常感觉走投无路，只得重新学习。毕竟我对于当时的人物风俗完全不了解。幸好在西冈、宫上两位老师的指导下，总算完成了本书的插图。

　　说明物体形状、构造的工作，是插画这一行很重要的内容，却也是辛苦多于回报的工作。但对我而言则是能激发创作欲望的题材。

　　为了本书的取材我曾多次造访法隆寺。每一次都从壮丽的伽蓝中，感受到一股心旷神怡的清新感。这在当年应该是一种外来的摩登感觉吧，或者说，所谓的太子信仰其实已根植在我心中。我抱着祈祷的心情，希望能画出那样的氛围。尽管过程辛苦，但能从事这个让我全心全意投入的工作，我觉得很幸运。

1　组积造是指由石头、砖块、混凝土块等堆积而成的建筑物构造，与用柱子和梁支撑屋顶的"架构式构造"相对。

后记之三

宫上茂隆

大概没有人不知道圣德太子和法隆寺吧。可是一旦提到了法隆寺金堂，却往往连建筑专业或是研究法隆寺历史的人士也不是很清楚。我认为穗积和夫先生的插画对于解答这个问题裨益良多。

有关法隆寺的建造与重建的历史，众说纷纭。本书乃是从建筑的立场，以综合性的观点提出新的解答。有些部分虽已透过解说加以补充，但就本书的性质而言仍有不足，希望能有其他机会详细说明。

有关法隆寺建筑的建造过程，本书试着提出新的推论。这是一边参考整修工程报告书，一边与亲身参与法隆寺整修工程和调查工作的西冈常一先生讨论后的结论。目的是希望读者除了了解法隆寺建筑的建造方式外，也能对木造建筑有更深一层的理解。

关于法隆寺的历史、关于其建筑、关于一般的木造建筑，其实有太多值得书写的内容，但问题是该从何处着手？如何写得深入浅出？文字太多会不会破坏了精心绘制的插图？而且有些地方文字也不容易写得浅显。然而本书终于能够完成，这要衷心感谢草思社的加濑昌南先生、小林登美夫先生和平山礼子小姐的帮忙。

文
景

Horizon

社 科 新 知　文 艺 新 潮

法隆寺：日本国宝级木造建筑

[日]西冈常一　宫上茂隆 著　[日]穗积和夫 绘

张秋明 译

出 品 人：姚映然
策划编辑：熊霁明
责任编辑：王　萌
营销编辑：高晓倩
装帧设计：肖晋兴

出　　品：北京世纪文景文化传播有限责任公司
　　　　　（北京朝阳区东土城路8号林达大厦A座4A　100013）
出版发行：上海人民出版社
印　　刷：山东临沂新华印刷物流集团有限责任公司
制　　版：壹原视觉

开 本：787mm×1092mm　1 / 16
印 张：6.5　　字 数：65,000
2021年11月第1版　　2021年11月第1次印刷
定 价：65.00元
ISBN：978-7-208-17121-3/TU·19

NIHONJIN WA DONOYOUNI KENZOUBUTSU WO TSUKUTTE KITAKA: vol.1
Horyu-ji-Sekai Saiko no Mokuzou Kenchiku
Text copyright © 1980 by Tsunekazu Nishioka/Shigetaka Miyagami
Illustration © 1980 by Kazuo Hozumi

Published by arrangement with SOSHISHA CO., LTD.
Simplified Chinese Translation copyright © 2021 by Horizon Books,
Beijing Division of Shanghai Century Publishing Co., Ltd.
Through Future View Technology Ltd.
ALL RIGHTS RESERVED.

本书中文简体字译稿由台湾马可孛罗文化授权

图书在版编目（CIP）数据

法隆寺：日本国宝级木造建筑 / (日) 西冈常一，
(日) 宫上茂隆著；(日) 穗积和夫绘；张秋明译. ──
上海：上海人民出版社，2021
ISBN 978-7-208-17121-3

Ⅰ. ①法… Ⅱ. ①西… ②宫… ③穗… ④张… Ⅲ.
①佛教 – 寺院 – 木建筑 – 研究 – 日本 Ⅳ. ①TU–098.3

中国版本图书馆CIP数据核字(2021)第091550号

本书如有印装错误，请致电本社更换　010-52187586

现在的法隆寺

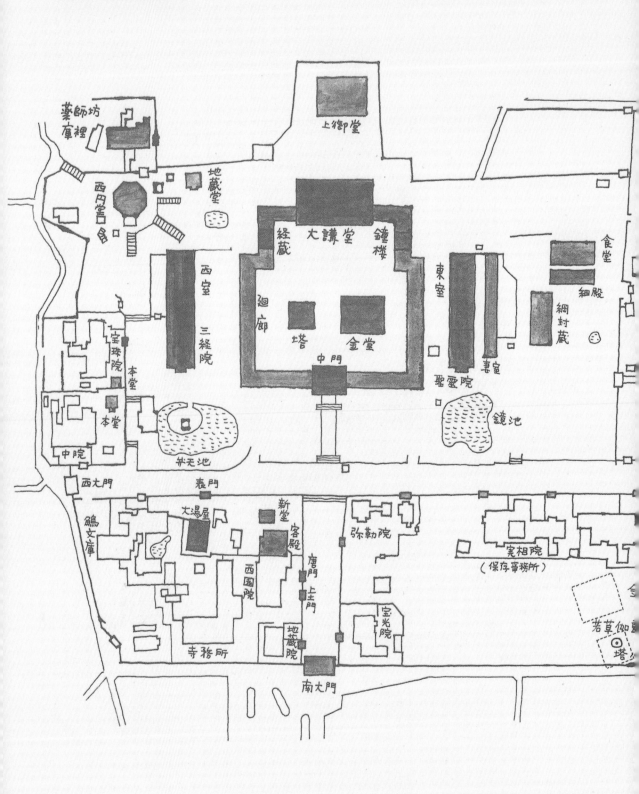

薬師坊庫裡
西円堂
地蔵堂
西室 三経院
宝珠院
本堂
本堂
中院
西大門
鴟又庫
上御堂
経蔵 大講堂 鐘楼
東室
廻廊
塔 金堂
中門
聖霊院
妻室
鏡池
弁天池
表門
新堂
客殿
大湯屋
弥勒院
宝相院
（保存事務所）
西園院
唐門
上土門
寺務所
地蔵院
宝光院
南大門
食堂
細殿
綱封蔵
若草伽藍
塔

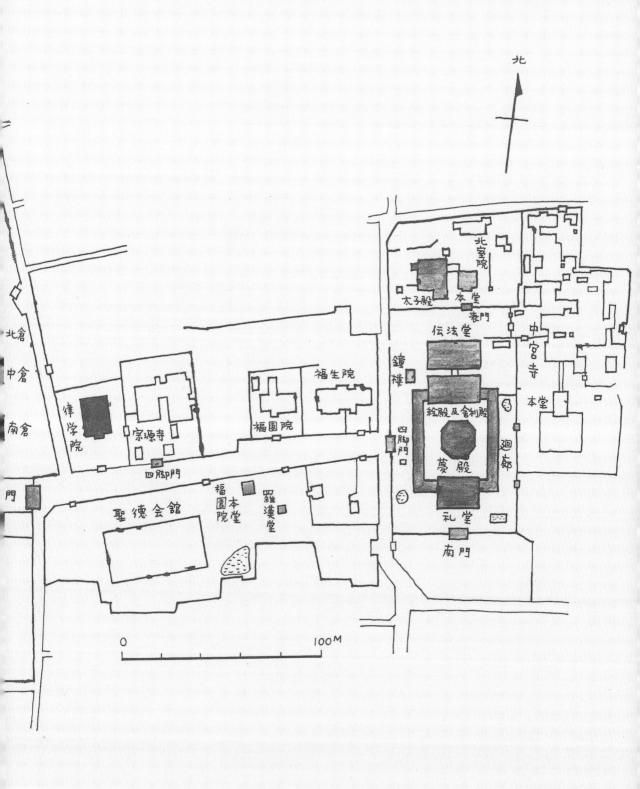

北

北倉
中倉
南倉
門

律学院

宗源寺

四脚門

聖徳会館

福園院
福園院本堂
羅漢堂

福生院

北室院
太子殿
本堂
表門

伝法堂

鐘楼

四脚門

絵殿及舎利殿
夢殿

廻廊

礼堂
南門

中宮寺
本堂

0　　　　　　　　　100M

■ 国宝・重要文化財 建造物。